AF455892

Tome II, volume 2. Fascicule 1.

ENCYCLOPÉDIE
DES
SCIENCES MATHÉMATIQUES
PURES ET APPLIQUÉES

PUBLIEE SOUS LES AUSPICES DES ACADÉMIES DES SCIENCES
DE GÖTTINGUE, DE LEIPZIG, DE MUNICH ET DE VIENNE
AVEC LA COLLABORATION DE NOMBREUX SAVANTS.

ÉDITION FRANÇAISE

RÉDIGÉE ET PUBLIÉE D'APRÈS L'ÉDITION ALLEMANDE SOUS LA DIRECTION DE

JULES MOLK,
PROFESSEUR À L'UNIVERSITÉ DE NANCY.

TOME II (DEUXIÈME VOLUME),

FONCTIONS DE VARIABLES COMPLEXES.

RÉDIGÉ DANS L'ÉDITION ALLEMANDE SOUS LA DIRECTION DE

H. BURKHARDT ET **W. WIRTINGER**
(MUNICH) (VIENNE).

PARIS,
GAUTHIER-VILLARS

LEIPZIG,
B. G. TEUBNER

1911
(23 MAI)

Tome II; deuxième volume; premier fascicule.

Sommaire.

Avis.

Dans l'édition française, on a cherché à reproduire dans leurs traits essentiels les articles de l'édition allemande; dans le mode d'exposition adopté, on a cependant largement tenu compte des traditions et des habitudes françaises.

Cette édition française offrira un caractère tout particulier par la collaboration de mathématiciens allemands et français. L'auteur de chaque article de l'édition allemande a, en effet, indiqué les modifications qu'il jugeait convenable d'introduire dans son article et, d'autre part, la rédaction française de chaque article a donné lieu à un échange de vues auquel ont pris part tous les intéressés; les additions dues plus particulièrement aux collaborateurs français sont mises entre deux astérisques. L'importance d'une telle collaboration, dont l'édition française de l'Encyclopédie offrira le premier exemple n'échappera à personne.

Fascicules sous presse:

Tome I, vol. 1: **Groupes finis discontinus**, fin (H. Burkhardt — H. Vogt). — **Additions et modifications.** — **Renseignements bibliographiques.** — **Index.**

Tome I, vol. 2: **Invariants**, suite (F. W. Meyer — J. Drach).

Tome I, vol. 3: **Applications de l'Analyse à la Théorie des nombres**, fin (P. Bachmann — J. Hadamard — E. Maillet).

Tome I, vol. 4: **Statistique**, fin (L. von Bortkiewicz — F. Oltramare). — **Assurances** (G. Bohlmann — Poterin du Motel). — **Économie politique** (V. Pareto).

Tome II, vol. 1: **Recherches contemporaines sur la théorie des fonctions d'une ou de plusieurs variables réelles** (E. Borel — L. Zoretti — P. Montel — M. Fréchet). — **Calcul différentiel** (A. Voss — J. Molk).

Tome II, vol. 4: **Équations aux dérivées partielles** (E. von Weber — G. Floquet — E. Goursat).

Tome II, vol. 5: **Équations fonctionnelles** (S. Pincherle). — **Interpolation trigonométrique** (H. Burkhardt — E. Esclangon).

Tome III, vol. 1: **Notions de courbe et surface** fin (H. von Mangoldt — L. Zoretti).

Tome III, vol. 2: **Géométrie projective** (A. Schoenflies — A. Tresse).

Tome III, vol. 3: **Coniques** (F. Dingeldey — E. Fabry).

Tome III, vol. 4: **Quadriques** (O. von Staude — A. Grévy).

Tome IV, vol. 2: **Fondements géométriques de la mécanique** (H. Timerding — L. Lévy).

Tome IV, vol. 4: **Analyse vectorielle** (M. Abraham — P. Langevin). — **Principes physiques de l'hydrodynamique** (A. E. H. Love — P. Appell — H. Beghin).

Tome IV, vol. 5: **Balistique extérieure** (C. Cranz — E. Vallier).

Tome V, vol. 2: **Atomistique** (F. W. Hinrichsen — E. Study — M. Joly — J. Roux).

Tome V, vol. 3: **Principes physiques de l'électricité; action à distance** (R. Reiff — A. Sommerfeld — E. Rothé).

Tome V, vol. 4: **Principes physiques de l'optique; anciennes théories** (A. Wangerin — C. Raveau.)

Tome VI, vol. 1: **Géodésie** (P. Pizzetti — L. Noirel).

Tome VII, vol. 1: **Coordonnées absolues et relatives** (E. Anding — H. Bourget). — **Réfraction** (A. Bemporad — P. Puiseux).

Tribune publique. 15.

814. [I_1 p. 77 ligne 39] (I **2**, **10** note 63) ajouter: Voir aussi *G. Csarba*, Mathematikai és Physikai lapok (Budapest) 11 (1902), p. 251/81.

815. [I_1 p. 99 ligne 3 en remontant] (I 2, **22** note 163) ajouter: *R. Daublebsky von Sterneck*, Monatsh. Math. Phys. 6 (1895), p. 205/7; Rend. Circ. mat. Palermo 30 (1910), p. 58/64, en partic. § 2.

816. [I_1 p. 99 fin] (I 2, **22** note 163) ajouter: *W. H. Metzler*, American math. Monthly 7 (1900), p. 151/3; *E. H. Moore*, Annals of math. (2) 1 (1899/1900), p. 177/88.

817. [I_1 p. 129 ligne 7] (I 2, **33**) ajouter: *A. Deltour* [Nouv. Ann. math. (2) 8 (1908), p. 49/69, 172/88, 264/82, 481/500, 535/42] applique à la théorie des nombres les continuants normaux.

818. [I_1 p. 131 dernière ligne] (I 2, **35** note 294) ajouter: *A. Calegari*, Le mat. pure appl. (Città di Castello) 2 (1902), p. 177/84, 217/21.

819. [I_1 p. 280 dernière ligne] (I 4, **25** note 203) ajouter: *Chr. Kramp* leur avait donné d'abord le nom de facultés numériques, mais ensuite *L. F. A. Arbogast* [Du calcul des dérivations, Strasbourg 1800] les ayant désignées sous celui de factorielles, *Chr. Kramp* a adopté cette dernière dénomination dans son Arithmétique universelle.

820. [I_1 p. 281 ligne 7] (I 4, **25**) ajouter: *J. Hoëne-Wronski*, *A. S. de Montferrier*. Et dans la note 207 ajouter: *J. Hoëne-Wronski* [Réfutation de la Théorie des fonctions analytiques de Lagrange, Paris 1812, p. 113/27; Introduction à la philosophie des mathématiques, Paris 1811, p. 174]. Voir aussi *A. S. de Montferrier*, Dictionnaire des sciences mathématiques 2, Bruxelles 1837, p. 12/9.

821. [I_1 p. 281 ligne 8] (I 4, **25**) ajouter: et *O. Schlömilch*. A la fin de la note 207 ajouter: *O. Schlömilch*, id. p. 344/55; voir aussi *L. Schäfli*, id. 43 (1852), p. 1/22; id. 67 (1867), p. 179/82.

822. [I_1 p. 281 lignes 8/9] ajouter: *Hoëne-Wronski* définit la forme générale des facultés algorithmiques par l'expression

$$\varphi x^{n|\xi} = \varphi(x)\,\varphi(x+\xi)\,\varphi(x+2\xi)\cdots\varphi(x+(n-1)\xi),$$

$\varphi(x)$ désignant une fonction quelconque de x. Il donne la loi du développement en série ordonnée suivant les puissances entières et positives de ξ et en déduit le *facteur élémentaire* de ces fonctions.

A. S. de Montferrier démontre les propriétés fondamentales des facultés pour les valeurs fractionnaires des exposants.

L. Öttinger applique les facultés notamment au calcul de nombreuses intégrales définies et de dérivées d'ordre supérieur et à indice quelconque.

O. Schlömilch pose

$$z(z+1)\cdots(z+n-1) = \overset{n}{c}_0 z^n + \overset{n}{c}_1 z^{n-1} + \cdots + \overset{n}{c}_{n-1} z$$

et étudie le coefficient $\overset{n}{c}_k$.

823. [I_1 p. 281 ligne 32] (I 4, **25**) ajouter: 36 (1848), p. 277/95.

824. [I_1 p. 282 ligne 30] (I 4, **26**) ajouter: *A. S. de Montferrier*, Dictionnaire des sciences mathématiques 1, Bruxelles 1837, p. 368/90. **M. Lecat.**

825. [I_1 p. 497 ligne 7] (I 7, **6**) ajouter: *G. Cantor*, Math. Ann. 20 (1882), p. 117.

826. [I_1 p. 497 ligne 10] (I 7, **6**) ajouter: *G. Vivanti*, Rend. Circ. mat. Palermo 2 (1888), p. 135, 150; Z. Math. Phys. 34 (1889), p. 382; Rend. Circ. mat. Palermo 3 (1889), p. 38, 223; *H. Poincaré*, id. 2 (1888), p. 197; *V. Volterra*, Atti della Reale Accad. dei Lincei *Rendic.* (4) 4 (1888), p. 355.

827. [I_1 p. 497 ligne 13] (I 7, **7**) ajouter: *G. Cantor* [Math. Ann. 46 (1895), p. 488] a démontré que

$$C = 2^{\aleph_0}.$$

328. [I_1 p. 497 ligne 35] (I 7, 7) ajouter: Les puissances des divers ensembles de fonctions ont été traités par *Ph. E. B. Jourdain,* J. reine angew. Math. 128 (1905), p. 174/82. Cf. *A. Schoenflies,* Jahresb. deutsch. Math.-Ver. Ergänzungsband 2, Leipzig 1908, p. 19.

329. [I_1 p. 502 ligne 33] (I 7, 10) ajouter: Il convient d'introduire des séries fondamentales *du second ordre* du type Ω en même temps que l'on envisage les ensembles ordonnés du type Ω [nº 12], et d'étendre à ces séries fondamentales la définition de *G. Cantor* d'un ensemble ordonné (ou d'un type) *fermé.* Certains théorèmes (en particulier celui de Heine-Borel) concernant les ensembles de points s'étendent alors à des ensembles ordonnés en général. Cf. *O. Veblen* [Bull. Amer. math. Soc. (2) 10 (1904), p. 436/9], *Ph. E. B. Jourdain* [Messenger of math. 36 (1906), p. 61/9 où la définition donnée (p. 66) a besoin d'être étendue comme on vient de le dire; cf. Quart. J. of math. 41 (1910), p. 217]. Pour ce qui concerne la généralisation des théorèmes concernant la théorie des ensembles et des fonctions aux ensembles ordonnés quelconques, voir *Ph. E. B. Jourdain,* J. reine angew. Math. 128 (1905), p. 190.

Ph. E. B. Jourdain.

330. [I_1 p. 545 ligne 25] (I 8, 6). Toutes les substitutions de n lettres qui sont commutatives avec chacune des substitutions d'un groupe G de n lettres données, forment elles-mêmes un groupe H. Si ce groupe H est contenu dans le groupe G on dit que H est le *groupe central* de G. Si H n'est pas contenu dans G, le groupe central de G est un sous-groupe invariant de H. L'ordre du groupe H est la différence entre n et le degré du sous-groupe de G qui est formé par toutes les substitutions de G obtenues en supprimant une des n lettres données. Quand G est régulier, H et G sont relativement conjugués dans le groupe symétrique de degré n [*C. Jordan,* J. Ec. polyt. (1) 22 (1861), p. 153; *H. W. Kuhn,* American Journal of math. 26 (1904), p. 67].

331. [I_1 p. 551 ligne 22] (I 8, 8). Si le groupe primitif G est simplement transitif son sous-groupe maximé G_1 qui est formé par toutes les substitutions de G ne contenant pas une lettre donnée est intransitif. *C. Jordan* démontre que l'ordre de chacun des groupes transitifs constituant G_1 est divisible par tous les nombres premiers contenus dans l'ordre de G_1. Si G_1 contient un sous-groupe invariant H de degré $n-\alpha$, G_1 contiendra aussi une suite complète de $\alpha-1$ sous-groupes conjugués semblables à H et ces sous-groupes sont transformés dans G_1 de la même manière que les éléments d'un des groupes transitifs constituant G_1 [*C. Jordan,* Traité des substitutions, Paris 1870, p. 284; *G. A. Miller,* Proc. London math. Soc. (1) 28 (1897), p. 534].

332. [I_1 p. 554 lignes 6 à 8] (I 8, 9). Ce résultat est compris dans le théorème général que voici: Dans chaque groupe plusieurs fois transitif de degré n, toutes les substitutions non comprises dans un sous-groupe maximé de degré $n-1$ sont conjuguées par rapport à ce sous-groupe en plusieurs suites telles que chacune de ces suites comprend un multiple de $n-1$ substitutions distinctes. Comme aucune des substitutions de degré n ne peut être contenue dans un sous-groupe maximé de degré $n-1$, les substitutions de degré n doivent être conjuguées par rapport à ce sous-groupe en suites de $k(n-1)$ substitutions distinctes, en désignant par k un nombre naturel [*G. A. Miller,* Bull. Amer. math. Soc. 2 (1896), p. 145].

333. [I_1 p. 562 lignes 26 à 30] (I 8, 10). Ces résultats, que *E. Mathieu* a cru nouveaux, sont compris dans le théorème plus général déjà démontré auparavant par *A. L. Cauchy* (cf. p. 561 lignes 5 à 12).

Ils résultent en effet de ce théorème de *A. L. Cauchy* en y faisant $n=p$ et $a=1$. On peut aussi observer que la formule de la page 561 ligne 18 $\varrho=\frac{(n-1)!\,a}{i}$ est, elle aussi, comprise dans le même théorème de *A. L. Cauchy.*

334. [I_1 p. 564 ligne 29, p. 565 ligne 26, p. 566 ligne 35] (I 8, **10** note 166, I 8, **11** notes 182 et 187). Le journal: „Proc. liter. and philos. Soc. Manchester" n'a qu'une seule série. Il faut donc dans les trois notes citées effacer (3).

335. [I_1 p. 564 ligne 1] (I 8, **10**). *T. P. Kirkman* doit être cité avant *E. H. Askwith*. Dans le journal „Proc. liter. and philos. Soc. Manchester 3 (1864), p. 142", *T. P. Kirkman* énumère les groupes transitifs qui peuvent être formés à l'aide de 3, 4, 5, 6, 7, 8, 9 ou 10 lettres Quoique incomplète cette énumération est bien plus précise que celles de *E. H. Askwith* et de *A. Cayley* et elle leur est antérieure.

336. [I_1 p. 564 ligne 13] (I 8, **10**) ajouter: „pour les groupes primitifs de degré 19 par *C. Jordan*, C. R. Acad. sc. Paris 79 (1874), p. 1150.

337. [I_1 p. 564 ligne 16] (I 8, **10**). *G. A. Miller* [Quart. J. pure appl. math. 20 (1896), p. 233] et *G. Bagnera* [Ann. mat. pura appl. (3) 2 (1899), p. 264] ont énuméré les groupes d'ordre et de degré $n = 32$.

338. [I_1 p. 565 ligne 3] (I 8, **11**). *G. A. Miller* [Bull. Amer. math. Soc. 2 (1896), p. 138] a comparé quelques-unes des énumérations antérieures des groupes de substitutions de degrés inférieurs.

339. [I_1 p. 565 ligne 14] (I 8, **11**) Il est toujours possible de choisir $S_1, S_2, \ldots$ de façon que, H étant un sous-groupe quelconque de G, le groupe G puisse être décomposé de chacune des manières que voici:

$$G = H + HS_1 + HS_2 + \cdots$$
$$G = H + S_1^{-1}H + S_2^{-1}H + \cdots$$
$$G = H + S_1 H + S_2 H + \cdots$$
$$G = H + HS_1^{-1} + HS_2^{-1} + \cdots$$

La seconde de ces décompositions se rencontre dans *H. Weber* [Lehrbuch der Algebra 2, Brunswick 1899, p. 9]; les autres dans *G. A. Miller* [Quart. J. pure appl. math. 41 (1910), p. 384].

La condition nécessaire et suffisante pour que ϱ des *opérateurs* [ou *éléments*] de HS_α transforment précisément ϱ *opérateurs* de H en *opérateurs* de H est que HS_α ait précisément ϱ opérateurs en commun avec des $S_\alpha H$. Le nombre ϱ est égal à l'ordre d'un des sous-groupes de H. Il en résulte que le nombre des opérateurs communs aux deux suites HS_α et $S_\beta H$ est toujours un diviseur de l'ordre de H.

340. [I_1 p. 568 ligne 13] (I 8, **11**). Dans la suite de groupes

$$G_0,\ G_1,\ G_2, \ldots, G_\mu,\ G_{\mu+1} = 1$$

chacun des quotients $\frac{G_\alpha}{G_{\alpha+1}}$ obtenus en prenant successivement $\alpha = 0, 1, 2, \ldots, \mu$, est un *groupe simple*. *O. Hölder* [Math. Ann. 34 (1889), p. 33] a démontré que l'ensemble des groupes simples ainsi obtenu est indépendant du choix des sous-groupe invariants maximés $G_1, G_2, \ldots$ envisagés.

341. [I_1 p. 569 ligne 5] (I 8, **11**) au lieu de „$\nu - 1$ groupes", lire „ν groupes".

342. [I_1 p. 569 ligne 11] (I 8, **11**) au lieu de „sont des substitutions de K" lire „engendrent des substitutions de K".

343. [I_1 p. 574 ligne 19] (I 8, **12**). Une telle correspondance (m, m') entre les opérations de deux groupes G et Γ est aussi souvent représentée par le symbole

$$(G, \Gamma)_{m, m'}.$$

En particulier, si m et m' sont respectivement égaux à la moitié de l'ordre de G et à la moitié de l'ordre de Γ, on représente alors l'homomorphisme par le symbole

$$(G, \Gamma)_{\text{dim}}.$$

Cf. *A. Cayley* [Quart. J. pure appl. math. 25 (1891), p. 74. **G. A. Miller.**

344. [I_2 p. 140 ligne 25] (I 9, 62 note 427) au lieu de 8 (1898/9), p. 173 lire 8 (1899/1900), p. 173. **J. Molk.**

345. [I_2 p. 246 ligne 3] (I 10, 9). Les auteurs de langue anglaise appellent *champs* (*fields*) les corps au sens de *H. Weber*. *E. V. Huntington* [Trans. Amer. math. Soc. 6 (1905), p. 181] et *L. E. Dickson* [id. 6 (1905), p. 198] définissent le *champ* en s'appuyant sur des postulats indépendants les uns des autres. Parmi ces postulats ne figure pas la loi de commutation de l'addition: elle en est une *conséquence* [cf. *D. Hilbert*, Jahresb. deutsch. Math.-Ver. 8[1] (1899), éd. Leipzig 1900, p. 183; *L. E. Dickson*, Trans. Amer. math. Soc. 6 (1905), p. 202].

346. [I_2 p. 249 ligne 12] (I 10, 9). Un corps fini ne peut comprendre que p^n éléments, où p est un nombre premier.

Le corps fini le plus général est aussi identique, abstraitement parlant, au corps C que l'on obtient de la façon que voici: Si K est le corps formé par les racines $(p^n-1)^{\text{ièmes}}$ de l'unité, le nombre premier p se décompose dans K en idéaux premiers $\mathfrak{p}$ de degré n; le nombre des entiers de K qui sont incongrus mod $\mathfrak{p}$ est égal à p^n; ces p^n nombres forment un corps fini comprenant p^n éléments; c'est le corps C. **A. Loewy.**

347. [I_3 p. 51 ligne 39] (I 15, 26). Au lieu de „p. 380" lire „p. 172/4, 320" et ajouter ligne 41, après $k\cdot 2^n+1$, id. p. 380.

348. [I_3 p. 52 lignes 7/8] (I 15, 26) intercaler: *P. Seelhoff* [Z. Math. Phys. 31 (1886), p. 306/10] indique un caractère pour reconnaître si un nombre est premier.

349. [I_3 p. 53 fin] (I 15, 26 note 270) ajouter: *K. Czajkowski*, Sur la fréquence des nombres premiers [Sprawozdanie Dyrekcyi c. k. gimnazyum w Buczaczu za rok szkolny 1901, Lwow].

350. [I_3 p. 72 ligne 2] (I 15, 35) ajouter: *O. Veblen*, Messenger math. 37 (1907), p. 116/8. **M. Lecat.**

351. [I_3 p. 285 lignes 21/9] (I 17, 30 note 284). *L. Euler* dit: Je crois (*est tenendum*) que dans toutes les classes de la forme $Mx+N$ (où N est premier avec M) il y a une infinité de nombres premiers et il suggère que non seulement le nombre de ces nombres premiers est infini mais que la somme de la série de leurs réciproques est infinie. Or la démonstration de *G. Lejeune Dirichlet* s'appuie sur cette remarque. Il me semble dès lors légitime de dire non seulement que *L. Euler* a eu la première idée de la découverte, mais aussi qu'il a eu le premier soupçon du procédé de démonstration.

G. Vacca.

352. [I_3 p. 285 lignes 21/9] (I 17, 30 note 284). *L. Euler* part des suites de nombres premiers de la forme $Mx+N$, où $M=4$ et où N est 1 ou 3 donc un *nombre premier absolu* et il avance que la somme de la série des réciproques de chacune de ces deux suites est infinie. Puis il ajoute „id quod etiam de omnibus speciebus numerorum primorum est tenendum", c'est-à-dire: si $p_0, p_1, p_2, \ldots$ est une suite infinie de nombres premiers, la somme $\frac{1}{p_0}+\frac{1}{p_1}+\frac{1}{p_2}+\cdots\cdots$ est aussi infinie. Ce qu'il ajoute ensuite porte à supposer qu'il n'a eu en vue que des suites de nombres premiers de la forme $4kx+1$ ou $4kx+3$; en tout cas il ne dit rien d'où l'on puisse conclure qu'il pense à des suites de nombres de la forme $Mx+N$ où N ne serait pas un nombre premier absolu et où, par conséquent, on ne sait pas a priori que la suite contient au moins *un* nombre premier. **G. Eneström.**

☞ **Toute rectification ou addition, se rapportant à l'édition française, adressée à J. Molk, 8 rue d'Alliance, Nancy, sera insérée, s'il y a lieu, avec mention du nom de son auteur, dans la Tribune publique.**

Nancy, le 5 mai **1911**. **J. Molk.**

II 7. ANALYSE ALGÉBRIQUE.

Exposé, d'après l'article allemand de **A. PRINGSHEIM** (Munich) et **G. FABER** (Stuttgard), par **J. MOLK** (Nancy).

Introduction.

1. Aperçu historique. C'est au 17ième siècle que prit naissance une première théorie de celles des fonctions usuelles que l'on groupe aujourd'hui sous le nom de *fonctions élémentaires*. Ces fonctions comprennent les fonctions rationnelles, les puissances quelconques (à exposants fractionnaires ou irrationnels), la fonction exponentielle et son inverse la fonction logarithmique, les fonctions trigonométriques, c'est-à-dire les fonctions circulaires et hyperboliques ainsi que leurs inverses, enfin les fonctions rationnelles de ces diverses fonctions.

Dans la première moitié du 18ième siècle, un certain nombre de géomètres s'appliquèrent à établir les propriétés des fonctions élémentaires indépendamment du calcul infinitésimal, en faisant usage de procédés plutôt algébriques. On a donné, mais plus tard seulement, le nom d'*Analyse algébrique* au corps de doctrine ainsi constitué en dehors de l'analyse infinitésimale.

L'emploi de méthodes algébriques dans l'étude des fonctions élémentaires eut pour conséquence non seulement de fournir de nouvelles formes de développement de ces fonctions (telles que leur développement en produit infini ou en fraction continue), étrangères à l'analyse infinitésimale, mais encore et surtout d'introduire systématiquement, dans l'étude des fonctions, les quantités imaginaires. Cette introduction s'imposait à cause du rôle essentiel que les imaginaires jouent dans l'étude des fonctions rationnelles entières d'une variable en rendant toujours possible la décomposition de ces fonctions en un produit de facteurs linéaires. Les découvertes des relations fondamentales qui lient l'exponentielle et le logarithme aux fonctions circulaires et à leurs inverses vinrent ensuite encore ajouter un nouvel et puissant argument en faveur de l'introduction systématique des imaginaires.

C'est *L. Euler*[1]) qui dans son „Introduction à l'analyse infinitésimale" a donné le premier exposé systématique d'une „Analyse algébrique" ainsi conçue. En utilisant les résultats acquis, et en étendant aux développements formés par un nombre infini de termes les procédés de calcul établis en Algèbre dans le cas où le nombre des termes est fini (sans se préoccuper d'ailleurs beaucoup de la légitimité de cette extension), *L. Euler*, doué d'un génie analytique et d'une habileté de calcul vraiment divinatoires, est parvenu, dans ce Traité si remarquable à tant d'égards, à élucider un ensemble de questions nouvelles. Parmi ces questions, il nous suffira de citer ici, outre l'exposé concernant la relation fondamentale

$$e^{ix} = \cos x + i \sin x$$

et la mise en évidence de toute la portée de la formule du binome, les développements des fonctions usuelles en produits infinis, en fractions simples ou en fractions continues ainsi que la sommation de nombreuses séries numériques.

Toutefois l'Analyse algébrique manquait encore de définitions précises et de méthodes rigoureuses de démonstration. C'est à *A. L. Cauchy* que l'on doit les unes et les autres. Dans son „Analyse algébrique"[2]) il donne le premier exposé rigoureux de la théorie des fonctions élémentaires. On y trouve une définition précise de la limite, de la continuité et de la convergence, ainsi que l'extension au cas où les variables sont complexes de la notion même de fonction d'une ou de plusieurs variables. Les procédés de démonstration dont *A. L. Cauchy* a fait usage peuvent d'ailleurs aujourd'hui encore être à plusieurs égards considérés comme des modèles.

Le célèbre mémoire de *N. H. Abel*[3]) sur le développement en série de la puissance $m^{\text{ième}}$ du binome, $(1+x)^m$, et les „Résumés analy-

1) Introductio in analysin infinitorum 1, Lausanne 1748; trad. *J. B. Labey*, Introduction à l'analyse infinitésimale 1, Paris an IV; réédité Paris 1835.

*La première traduction française du tome 1 de l'„Introductio" a été publiée par *F. Pezzi*, Strasbourg 1786 (Note de *G. Eneström*).*

2) Cours d'Analyse de l'Ecole polyt. 1, Analyse algébrique, Paris 1821; Œuvres (2) 3, Paris 1897.

3) Recherches sur la série

$$1 + \frac{m}{1}x + \frac{m(m-1)}{1\cdot 2}x^2 + \frac{m(m-1)(m-2)}{1\cdot 2\cdot 3}x^3 + \cdots\cdots$$

trad. en allemand par *A. L. Crelle*, J. reine angew. Math. 1 (1826), p. 311; publié d'après une copie du manuscrit original de *N. H. Abel* écrit en français, dans ses Œuvres, éd. *L. Sylow* et *S. Lie* 1, Christiania 1881, p. 219.

tiques" de *A. L. Cauchy*[4]) contribuèrent aussi notablement au développement de l'Analyse algébrique.

*En France, l'influence de *A. L. Cauchy*[5]) ne tarda pas à s'exercer profondément.*

En Allemagne, on rencontre une véritable école, que l'on a désignée sous le nom d'„École combinatoire", dont les adhérents, surtout dans la période de 1825 à 1850 (mais aussi plus tard encore), cherchèrent à réagir contre les méthodes critiques de *A. L. Cauchy* et de *N. H. Abel.* Sous l'influence des doctrines exposées à la fin du 18ième siècle par *C. F. Hindenburg, H. Chr. W. Eschenbach,* et, au commencement du 19ième siècle, par *H. A. Rothe,* les disciples de cette école s'efforcèrent de favoriser les recherches fondées sur des méthodes de transformations littérales n'ayant souvent qu'un caractère purement mécanique de simples transformations algébriques et d'une complication telle qu'elles arrivaient à paraître tout à fait insupportables.

Il suffit de citer les traités de *M. Ohm*[6]), de *E. H. Dirksen*[7]) et de *M. A. Stern*[8]) pour mettre en évidence le rôle important que, pendant de longues années, cette école a joué dans l'enseignement des mathématiques en Allemagne.

Le traité d'„Analyse algébrique" de *O. Schlömilch*[9]) a, dès sa première édition, réagi contre cette tendance; il a beaucoup contribué à répandre les méthodes de *A. L. Cauchy* et de *N. H. Abel* dans l'enseignement allemand.

En étendant systématiquement aux fonctions de variables complexes, conformément au point de vue adopté par *A. L. Cauchy* dans son „Analyse algébrique", la notion de fonction analytique dont l'origine remonte à *J. L. Lagrange* [cf. II 1 3, note 57] pour les fonctions de variables réelles, *K. Weierstrass*[10]), dans ses cours, professés à Berlin[11])

4) Résumés analytiques, Turin 1833; Œuvres (2) 10, Paris 1895, p. 9/184.

5) *A. L. Cauchy* a professé régulièrement de 1816 à 1830 à l'Ecole polytechnique, au Collége de France et à la Faculté des sciences de Paris.*

6) Versuch eines vollkommen consequenten Systems der Mathematik 2, Berlin 1829.

7) Organon der gesamten transcendenten Analysis, Berlin 1845.

8) Lehrbuch der algebraischen Analysis, Leipzig 1860.

9) Handbuch der algebraischen Analysis, Iéna 1845; (2e éd.) Iéna 1851; (4e éd.) Iéna 1868; (5e éd.) Iéna 1873; (6e éd.) Iéna 1881; second tirage, Stuttgard 1888.

10) Voir *R. Lipschitz,* Lehrbuch der Analysis 1, Bonn 1877; *O. Stolz,* Vorlesungen über allgemeine Arithmetik 1, Leipzig 1885; 2, Leipzig 1886; *O. Biermann,* Theorie der analytischen Functionen, Leipzig 1887; *J. Thomae,* Elementare Theorie der analytischen Functionen, Halle 1880; (2e éd.) Halle 1898; *O. Stolz* et *J. A. Gmeiner,* Theoretische Arithmetik, Leipzig 1902/4; Einleitung in die Funktionentheorie, Leipzig 1905; *G. Vivanti,* Teoria delle funzioni analitiche,

dès 1860, et *Ch. Méray*[12]) dans ses Traités d'Analyse, ont fait perdre à l'Analyse algébrique son caractère particulier; les bases sur lesquelles ils la construisent sont les mêmes que celles sur lesquelles ils sont amenés à édifier l'étude générale des fonctions analytiques. On peut donc dire qu'avec *K. Weierstrass* et *Ch. Méray* il n'y a plus à proprement parler d'Analyse algébrique; elle est en quelque sorte fondue dans la théorie des fonctions analytiques à laquelle on a donné le nom de *théorie élémentaire* des fonctions analytiques pour la distinguer de la théorie des fonctions analytiques qui repose sur la théorie, due à *A. L. Cauchy*, de l'intégration dans le champ des variables complexes.

2. **Objet de l'Analyse algébrique.** Sous le nom d'Analyse algébrique on peut comprendre, aujourd'hui encore, l'étude des algorithmes illimités de nombres réels ou complexes et celle des méthodes spéciales permettant de représenter à l'aide de séries, produits infinis ou fractions continues, les fonctions élémentaires.

C'est ce que nous ferons ici, en renvoyant toutefois aux articles I 3 et I 7 pour l'étude des algorithmes illimités de nombres quelconques et en nous contentant de compléter cette étude par celle des propriétés générales des séries qui procèdent suivant les puissances croissantes d'une ou de plusieurs variables.

Il y a d'ailleurs, au moins au point de vue de l'enseignement, de sérieux avantages à édifier ainsi, au moyen des seuls procédés élémentaires, et avant toute étude générale des fonctions analytiques, la théorie d'un certain nombre de fonctions usuelles.

Dans plusieurs traités d'Analyse publiés récemment[13]) apparaît la tendance à se borner nettement à l'étude des fonctions élémentaires de variables réelles. Ici, au contraire, le cas général des fonctions

---

Milan 1901; trad. allemande par *A. Gutzmer*, Theorie der eindeutigen analytischen Funktionen, Leipzig 1906.

*Le Traité de *J. Tannery* [Introduction à la théorie des fonctions d'une variable, (1re éd.) Paris 1886; (2e éd.) 1, Paris 1904] a exercé la plus heureuse influence sur le développement des méthodes rigoureuses dans l'enseignement français.*

11) Il n'existe vraisemblablement aucun exemplaire des premiers cours professés par *K. Weierstrass* en 1860 à Berlin. Un exemplaire du cours professé à l'Université de Berlin en 1874 est conservé au séminaire de l'Université de Göttingue. Il semble qu'on ne sache pas, d'une façon *précise*, comment *K. Weierstrass* procédait exactement de 1860 à 1874.

12) Nouveau précis d'Analyse infinitésimale, Paris 1872; Leçons nouvelles sur l'Analyse infinitésimale 1, Paris 1894; 2, Paris 1895.

13) Voir par ex. *E. Cesàro*, Corso di analisi algebrica, Turin 1894; *M. Godefroy*, Théorie élémentaire des séries, Paris 1903 [octobre 1902]; *H. Burkhardt*, Algebraische Analysis, Leipzig 1903.

de variables complexes sera toujours mis en évidence, et les fonctions de variables réelles ne seront envisagées que comme cas particuliers.

Nous désignerons toujours par

$$z = x + iy = r(\cos\theta + i\sin\theta)$$

une variable complexe; x, y, θ, r étant des variables réelles, $r = |z| \geqq 0$.

Les fonctions $\sin\theta$, $\cos\theta$ sont celles qui ont été définies en trigonométrie; nous supposerons connues les propriétés fondamentales de ces fonctions, en particulier la périodicité et les théorèmes d'addition; ces propriétés sont établies en trigonométrie par des considérations géométriques jointes à quelques procédés élémentaires de calcul algébrique.

A des valeurs déterminées $x = x_0$, $y = y_0$ des variables réelles x, y correspond, dans le plan représentatif des nombres complexes (ordinaires), le point d'abscisse x_0 et d'ordonnée y_0, que nous désignerons soit par z_0, soit par $x_0 + iy_0$, soit encore par $r_0(\cos\theta_0 + i\sin\theta_0)$; $r_0 = |z_0|$ étant la distance du point z_0 à l'origine, θ_0 la mesure de l'angle que fait avec l'axe des abscisses positives, dans le plan orienté, le rayon vecteur Oz_0.

Séries entières.

3. Le cercle de convergence. Envisageons une série entière en z

$$a_0 + a_1 z + a_2 z^2 + \cdots + a_\nu z^\nu + \cdots\cdots,$$

où $a_0, a_1, a_2, \ldots, a_\nu, \ldots\ldots$ désignent des constantes (complexes) par rapport à z. Quand, pour une valeur donnée de z, cette série sera convergente, nous représenterons sa somme par le symbole

$$S(z) = \sum_{\nu=0}^{\nu=+\infty} a_\nu z^\nu.$$

Trois cas peuvent se présenter:

1°) Ou bien la série ne converge pour aucun point z (autre que $z = 0$); telle est la série

$$z + 2!\,z^2 + 3!\,z^3 + \cdots + \nu!\,z^\nu + \cdots\cdots$$

2°) Ou bien la série converge pour tout point z (à distance finie); telle est la série

$$1 + \frac{z}{1} + \frac{z^2}{2!} + \frac{z^3}{3!} + \cdots + \frac{z^\nu}{\nu!} + \cdots\cdots$$

3°) Ou enfin la série converge pour tout point z situé à l'*intérieur* d'un cercle de rayon déterminé R ayant son centre à l'origine O, et diverge pour tout point z situé à l'*extérieur* de ce même cercle: telle est la série

$$1 + z + z^2 + \cdots + z^\nu + \cdots\cdots$$

qui converge pour $|z| < 1$ et diverge pour $|z| > 1$.

Dans ce troisième cas, on dit que le cercle de centre O et de rayon R est *le cercle de convergence* de la série envisagée.

Il est souvent commode de dire, dans le premier cas: que la série entière a un cercle de convergence de rayon nul ($R = 0$); dans le second cas: que la série entière a un cercle de convergence de rayon infini ($R = +\infty$). Cela revient à envisager les deux premiers cas comme des cas-limites du troisième.

A. L. Cauchy[14]) a montré que, dans tous les cas, y compris les deux cas-limites, le rayon R du cercle de convergence d'une série entière

$$a_0 + a_1 z + a_2 z^2 + \cdots + a_\nu z^\nu + \cdots\cdots$$

est déterminé au moyen des coefficients de cette série par la relation

$$\frac{1}{R} = \overline{\lim_{\nu = +\infty}} \sqrt[\nu]{|a_\nu|},$$

où $\overline{\lim}$ signifie: limite supérieure [I 3, **19** note 225].

Lorsque le rapport $\frac{|a_\nu|}{|a_{\nu+1}|}$ tend vers une limite, celle-ci est d'ailleurs toujours égale à R.

Quand $R = 0$, on dit que la série entière envisagée est *partout divergente* (on sous-entend: sauf au point $z = 0$); dans ce cas, on a

$$\overline{\lim_{\nu = +\infty}} \sqrt[\nu]{|a_\nu|} = +\infty.$$

Quand $R = +\infty$, on dit que la série entière envisagée est *partout convergente*[15]); dans ce cas, on a

$$\lim_{\nu = +\infty} \sqrt[\nu]{|a_\nu|} = 0.$$

Si, pour un point déterminé $z = Z$, une série entière en z

$$a_0 + a_1 z + a_2 z^2 + \cdots + a_\nu z^\nu + \cdots\cdots$$

est convergente, la série

$$|a_0| + |a_1 z| + |a_2 z^2| + \cdots + |a_\nu z^\nu| + \cdots\cdots$$

converge certainement pour toute valeur de z pour laquelle[16])

$$|z| < |Z|.$$

---

14) Analyse alg.[7]), p. 286; Œuvres (2) 3, p. 239/40. Cf. I 4, **4**, note 18.

15) *K. Weierstrass* disait „beständig convergent" et „beständig divergent" au lieu de „partout convergente" et „partout divergente".

16) Ce théorème a été établi dans le cas particulier où Z est réel et positif

Supposons que, B et b désignant des nombres positifs indépendants de ν, il existe un nombre complexe déterminé Z pour lequel toutes les inégalités[17]) en nombre infini

$$|a_\nu Z^\nu| < B \qquad (\nu = 1, 2, 3, \ldots\ldots)$$

soient vérifiées; ou encore, ce qui au fond est équivalent, supposons que pour un nombre complexe déterminé Z on ait

$$\overline{\lim_{\nu=+\infty}} |a_\nu Z^\nu| = b.$$

On peut alors démontrer que la série

$$|a_0| + |a_1 z| + |a_2 z^2| + \cdots + |a_\nu z^\nu| + \cdots\cdots$$

converge pour tout z vérifiant l'inégalité

$$|z| < |Z|;$$

en d'autres termes on peut démontrer que la série

$$a_0 + a_1 z + a_2 z^2 + \cdots + a_\nu z^\nu + \cdots\cdots$$

est absolument convergente.

Pour tout z tel que

$$|z| \leqq r,$$

où r désigne un nombre positif plus petit que R, arbitrairement fixé, la série

$$a_0 + a_1 z + a_2 z^2 + \cdots + a_\nu z^\nu + \cdots\cdots$$

est uniformement convergente[18]).

Il en résulte que, si l'on fixe à *l'intérieur* du cercle de convergence de cette série un point quelconque z_0, à tout nombre positif ε correspond un nombre positif δ tel que, pour tout z vérifiant l'inégalité

$$|z - z_0| < \delta,$$

---

par *N. H. Abel*[5]) [J. reine angew. Math. 1 (1826), p. 314; Œuvres, éd. *L. Sylow* et *S. Lie* 1, p. 223].

F. Arndt [Archiv Math. Phys. (1) 25 (1855), p. 211] a donné une autre démonstration du même théorème. C'est d'ailleurs à tort que *F. Arndt* [Archiv Math. Phys. (1) 20 (1853), p. 464] avait critiqué la démonstration de *N. H. Abel*.

17) Ce théorème, qui n'est, au fond, que le précédent légèrement généralisé, a été démontré sous cette nouvelle forme par *K. Weierstrass* [cf. *S. Pincherle*, Giorn. mat. (1) 18 (1880), p. 328]. Le mode de démonstration adopté par *K. Weierstrass* ne diffère pas de celui de *F. Arndt*[16]).

Le rayon de convergence R de la série entière en z envisagée apparaît ici comme la borne supérieure des nombres $|Z|$ pour lesquels $|a_\nu Z^\nu|$ reste fini [cf. *S. Pincherle*, Giorn. mat. (1) 18 (1880), p. 331].

18) *S. Pincherle*, Giorn. mat. (1) 18 (1880), p. 333. Voir d'ailleurs II 1, 17 et, pour plus de détails, l'article II 8 sur la théorie des fonctions analytiques.

on a

$$|S(z) - S(z_0)| < \varepsilon.$$

C'est ce que l'on exprime[19]) en disant que l'on a

$$\lim_{z=z_0} S(z) = S(z_0);$$

en se conformant à la terminologie adoptée dans la théorie des fonctions [cf. II 8], on peut dire aussi que la somme

$$S(z) = \sum_{\nu=0}^{\nu=+\infty} a_\nu z^\nu$$

est continue pour $z = z_0$; donc $S(z)$ représente une fonction (univoque) continue[20]) de la variable z à l'intérieur du cercle de convergence de la série entière

$$a_0 + a_1 z + a_2 z^2 + \cdots + a_\nu z^\nu + \cdots\cdots$$

Lorsque la série est partout convergente, on dit que cette fonction (univoque) continue de z est une fonction *transcendante entière.*

Si z_0 et h sont fixés arbitrairement, de façon toutefois que l'inégalité

$$|z_0| + |h| < R$$

soit vérifiée, la fonction $S(z_0 + h)$ peut être représentée par la somme de la série

$$S(z_0) + \frac{h}{1} S'(z_0) + \frac{h^2}{2!} S''(z_0) + \cdots + \frac{h^\nu}{\nu!} S^{(\nu)}(z_0) + \cdots\cdots,$$

où, pour abréger, on désigne par $S'(z)$, $S''(z)$, ..., $S^{(\nu)}(z)$, ... les fonctions définies par les sommes de séries entières

$$S'(z) = \sum_{\nu=1}^{\nu=+\infty} \nu a_\nu z^{\nu-1} = \sum_{\nu=0}^{\nu=+\infty} (\nu+1) a_{\nu+1} z^\nu,$$

$$S''(z) = \sum_{\nu=2}^{\nu=+\infty} \nu(\nu-1) a_\nu z^{\nu-2} = \sum_{\nu=0}^{\nu=+\infty} (\nu+1)(\nu+2) a_{\nu+2} z^\nu,$$

. . . .

19) Cf. *S. Pincherle,* Giorn. mat. (1) 18 (1880), p. 246.

20) Si l'on pose

$$S(z) = \varphi(x, y) + i\psi(x, y) = \Phi(r, \theta) + i\Psi(r, \theta),$$

la continuité [cf. II 8] de la fonction $S(z)$ au point $z = z_0$ entraîne celle des deux fonctions réelles $\varphi(x, y)$, $\psi(x, y)$ au point analytique (x_0, y_0), et inversement. Elle entraîne aussi celle des deux fonctions réelles $\Phi(r, \theta)$, $\Psi(r, \theta)$ au point analytique (r_0, θ_0), et inversement. Il en résulte que la définition de la continuité d'une fonction représentée par la somme d'une série entière d'une variable complexe peut être ramenée à celle de la continuité de deux séries de deux variables réelles. C'est ainsi que procède d'ailleurs *A. L. Cauchy* [Analyse alg.[5]), p. 37; Œuvres (2) 3, p. 45/6]; cf. II 8.

$$S^{(n)}(z) = \sum_{\nu=n}^{\nu=+\infty} \nu(\nu-1)\cdots(\nu-n+1)\,a_\nu z^{\nu-n}$$

$$= \sum_{\nu=0}^{\nu=+\infty} (\nu+1)(\nu+2)\cdots(\nu+n)\,a_{\nu+n} z^\nu,$$

. . . .

Chacune des séries entières

$$a_1 + 2a_2 z + \cdots + (\nu+1)a_{\nu+1}z^\nu + \cdots\cdots$$

$$2a_2 + 6a_3 z + \cdots + (\nu+1)(\nu+2)z^\nu + \cdots\cdots$$

. . . .

$$n!\,a_n + (n+1)!\,a_{n+1}z + \cdots + \frac{(n+\nu)!}{\nu!}a_{n+\nu}z^\nu + \cdots\cdots$$

. . . .

dont les sommes figurent dans l'expression précédente de $S(z_0+h)$, a même cercle de convergence que la série

$$a_0 + a_1 z + a_2 z^2 + \cdots + a_\nu z^\nu + \cdots\cdots$$

elle-même[21]). Il peut d'ailleurs arriver que, sur la circonférence de ce cercle, cette dernière série soit partout convergente sans que les autres le soient; c'est le cas, par exemple, pour la série

$$\frac{z}{1^2} + \frac{z^2}{2^2} + \cdots + \frac{z^\nu}{\nu^2} + \cdots\cdots$$

Les fonctions $S'(z)$, $S''(z)$, ..., $S^{(n)}(z)$, ... que l'on vient de définir sont les *dérivées* première, seconde, ..., d'ordre n, ... de la fonction $S(z)$. On a

$$S'(z) = \lim_{h=0} \frac{S(z+h) - S(z)}{h}$$

et, en général, pour $\nu = 2, 3, \ldots\ldots$

$$S^{(\nu)}(z) = \lim_{h=0} \frac{S^{(\nu-1)}(z+h) - S^{(\nu-1)}(z)}{h}.$$

---

21) Cela résulte de la façon même dont on établit la relation

$$S(z_0+h) = \sum_{\nu=0}^{\nu=+\infty} \frac{h^\nu}{\nu!} S^{(\nu)}(z_0).$$

Mais on peut aussi déduire le même fait de l'égalité

$$\overline{\lim_{\nu=+\infty}} \sqrt[\nu]{\nu(\nu-1)(\nu-2)\cdots(\nu-n+1)|a_\nu|} = \overline{\lim_{\nu=+\infty}} \sqrt[\nu]{|a_\nu|}$$

qu'il est aisé d'établir directement.

La série

$$S(z_0)+\frac{z-z_0}{1}S'(z_0)+\frac{(z-z_0)^2}{1\cdot 2}S''(z_0)+\cdots+\frac{(z-z_0)^\nu}{\nu!}S^{(\nu)}(z_0)+\cdots\cdot\cdot$$

est ce que *K. Weierstrass* a appelé la série *transformée en* z_0 de la série entière

$$a_0+a_1z+a_2z^2+\cdots+a_\nu z^\nu+\cdots\cdot\cdot$$

On représentera la somme de cette série transformée par le symbole $S(z\,|\,z_0)$, en sorte que l'on aura identiquement

$$S(z\,|\,z_0)=\sum_{\nu=0}^{\nu=+\infty}\frac{(z-z_0)^\nu}{\nu!}S^{(\nu)}(z_0).$$

Pour chacun des points situés à l'intérieur du cercle (C_0) ayant le point z_0 pour centre et tangent intérieurement au cercle de convergence de la série

$$a_0+a_1z+a_2z^2+\cdots+a_\nu z^\nu+\cdots\cdot\cdot$$

la série transformée en z_0 de cette dernière série est convergente et sa somme $S(z\,|\,z_0)$ est égale à $S(z_0)$. Le rayon de convergence R_0 de la série transformée en z_0 est donc au moins égal à $R-|z_0|$; il peut d'ailleurs être plus grand, comme on le voit en envisageant par exemple la série

$$\frac{z}{1}-\frac{z^2}{2}+\frac{z^3}{3}-\cdots+(-1)^{\nu-1}\frac{z^\nu}{\nu}+\cdots\cdot\cdot$$

dont le rayon de convergence est $R=1$ et la transformée de cette série en un point quelconque z_0 situé à l'intérieur de son cercle de convergence sans être situé sur le segment rectiligne $(-1,\ 0)$

$$S(z_0)+\frac{z-z_0}{1+z_0}-\frac{1}{2}\frac{(z-z_0)^2}{(1+z_0)^2}+\cdots\cdot\cdot,$$

série dont le rayon de convergence est la distance du point z_0 au point -1.

Si $R_0>R-|z_0|$, la série transformée en z_0 fournit une *continuation analytique*[23]) de la fonction $S(z)$, définie d'abord seulement dans le cercle (C) de centre O et de rayon R.

Lorsque $R_0=R-|z_0|$, on dit que le point a, où le rayon du cercle (C) qui passe par z_0 rencontre la circonférence de ce cercle, est un *point singulier*[24]) de la fonction $S(z)$.

---

22) Cf. *S. Pincherle*, Giorn. mat. (1) 18 (1880), p. 347.

23) Cette notion de *continuation analytique* [ou, comme on dit encore, de *cheminement*, ou encore de *prolongement* analytique] d'une série entière, est le fondement sur lequel *Ch. Méray*[12]) et *K. Weierstrass* [cf. *S. Pincherle*, Giorn. mat. (1) 18 (1880), p. 347/57] ont édifié leurs théories des fonctions analytiques.

24) Comme l'a fait remarquer *K. Weierstrass*, dans cet ordre d'idées un

La circonférence du cercle de convergence (C) d'une série entière en z contient toujours au moins un point singulier de la fonction $S(z)$ définie par la somme de cette série entière[25]. Elle en contient parfois plus d'un; elle peut en contenir une infinité [cf. II 8]. On doit même envisager le cas où *tous* les points de cette circonférence sont des points singuliers[26] de $S(z)$ comme étant le cas général[27].

Les règles de convergence des séries de la forme

$$a_0 + a_1(x - x_0) + a_2(x - x_0)^2 + \cdots + a_\nu(x - x_0)^\nu + \cdots\cdots$$

ou de la forme

$$a_0 + \frac{a_1}{x} + \frac{a_2}{x^2} + \cdots + \frac{a_\nu}{x^\nu} + \cdots\cdots$$

se déduisent aisément de celles de la série

$$a_0 + a_1 x + a_2 x^2 + \cdots + a_\nu x^\nu + \cdots\cdots$$

en remplaçant dans cette dernière x par $x - x_0$ ou par $\frac{1}{x}$[28].

On obtient immédiatement ensuite les règles de convergence des séries de la forme

$$\cdots\cdots + a_{-n}x^{-n} + \cdots + a_{-1}x^{-1} + a_0 + a_1 x + \cdots + a_n x^n + \cdots\cdots$$

En général, une telle série converge pour tout point situé à l'in-

---

point singulier a est caractérisé par ce fait que la borne inférieure des rayons de convergence des diverses séries transformées d'une série entière donnée, pour tous les points z_0 situés dans (C) aux environs de a, est nulle [cf. *S. Pincherle*, Giorn. mat. (1) 18 (1880), p. 353].

25) Cette remarque permet de trouver parfois le rayon du cercle de convergence (C). Elle est, au fond, due à *A. L. Cauchy* qui l'a déduite de son théorème fondamental sur les intégrales des fonctions de variables complexes prises le long d'un contour fermé. Elle a été formulée à nouveau et démontrée d'une façon élémentaire par *K. Weierstrass* [cf. *S. Pincherle*, Giorn. mat. (1) 18 (1880), p. 350; *O. Stolz* et *J. A. Gmeiner*, Funktionenth.[10], p. 212].

26) Un exemple *très simple* rentrant dans ce cas est celui de la série

$$x + x^{2!} + x^{3!} + \cdots + x^{n!} + \cdots\cdots$$

dont le cercle de convergence a un rayon égal à 1 et qui ne peut être continuée hors de ce cercle [cf. *M. Lerch*, Acta math. 10 (1887), p. 87].

27) Cette remarque est due à *A. Pringsheim* [Math. Ann. 44 (1894), p. 50]; *E. Borel* [C. R. Acad. sc. Paris 123 (1896), p. 1051; Acta math. 21 (1897), p. 243] et *E. Fabry* [C. R. Acad. sc. Paris 124 (1897), p. 142; Acta math. 22 (1898/9), p. 165] ont démontré successivement le même fait. Voir aussi *J. Hadamard* [La série de Taylor et son prolongement analytique, Paris 1901, p. 33] et *Laura Pisati* [Giorn. mat. (2) 13 (1906), p. 12/4]. Cf. I 8.

28) Sur la transformation d'une série entière en $\frac{1}{x}$ en une série entière en $x - x_0$, voir par ex. *O. Stolz*, Allg. Arith.[10] 2, p. 167.

térieur d'un anneau circulaire (r, R), compris entre deux cercles de centre O et de rayons déterminés r et R.

Il peut d'ailleurs arriver dans des cas particuliers que r soit nul ou que R soit infini. Il sera souvent commode, pour l'énoncé des théorèmes, de conserver le nom d'anneaux

$$(r = 0;\ R) \quad \text{ou} \quad (r;\ R = +\infty) \quad \text{ou} \quad (r = 0;\ R = +\infty)$$

aux domaines de convergence correspondant à ces cas particuliers.

4. Séries entières en z_1 et en z_2. Envisageons une série entière en z_1 et en z_2; soit

$$a_{\mu,\nu} z_1^{\mu} z_2^{\nu}$$

le terme général de cette série à double entrée; le coefficient (en général complexe) $a_{\mu,\nu}$ ne dépend ni de z_1 ni de z_2. Lorsque la série est convergente, sa somme double

$$S(z_1, z_2) = \sum_{(\mu,\nu)} a_{\mu,\nu} z_1^{\mu} z_2^{\nu} \qquad \begin{pmatrix} \mu = 0, 1, 2, \ldots\ldots \\ \nu = 0, 1, 2, \ldots\ldots \end{pmatrix}$$

définit une fonction $S(z_1, z_2)$ des deux variables z_1, z_2.

Si, Z_1 et Z_2 désignant deux nombres complexes déterminés, il existe une borne positive B (indépendante de μ et de ν) telle que les inégalités

$$| a_{\mu,\nu} Z_1^{\mu} Z_2^{\nu} | < B \qquad \begin{pmatrix} \mu = 0, 1, 2, 3, \ldots\ldots \\ \nu = 0, 1, 2, 3, \ldots\ldots \end{pmatrix}$$

(en nombre doublement infini) soient toutes vérifiées, alors la série entière en z_1 et en z_2 envisagée converge *absolument* pour toute paire de nombres (z_1, z_2) vérifiant les inégalités[29])

$$|z_1| < |Z_1|, \quad |z_2| < |Z_2|.$$

Si l'on fixe arbitrairement deux nombres positifs r_1 et r_2, respectivement plus petits que $|Z_1|$ et $|Z_2|$, la série entière en z_1 et en z_2 converge *uniformément* pour toute paire de nombres (z_1, z_2) vérifiant les inégalités[30])

$$|z_1| \leqq r_1, \quad |z_2| \leqq r_2.$$

---

29) *S. Pincherle*, d'après *K. Weierstrass* [Giorn. mat. (1) 18 (1880), p. 329].

30) Ce théorème est énoncé d'une façon incorrecte par *O. Biermann* [Analyt. Funct.[10]), p. 137] qui dit que, sous les conditions énoncées, la série entière à deux variables converge uniformément quand on a, à la fois

$$|z_1| < |Z_1| \quad \text{et} \quad |z_2| < |Z_2|.$$

Dans plusieurs ouvrages, dont quelques-uns ont paru récemment, on trouve énoncé le théorème suivant: „Si une série entière à deux variables est convergente pour des valeurs déterminées $z_1 = Z_1$, $z_2 = Z_2$, elle est convergente

Si ϱ est le plus petit des deux nombres positifs $|Z_1|$ et $|Z_2|$, la série entière en z_1 et en z_2 converge *absolument* pour toute paire de nombres (z_1, z_2) vérifiant les inégalités

$$|z_1| < \varrho, \quad |z_2| < \varrho.$$

Plusieurs auteurs[31]) entendent par *rayon de convergence effectif* de la série entière en z_1 et en z_2 la borne supérieure $\overline{R}$ de l'ensemble des nombres ϱ obtenus en envisageant toutes les paires de nombres complexes possibles Z_1, Z_2, ou, ce qui revient au même, l'expression $\overline{R}$ définie par[32])

$$\frac{1}{\overline{R}} = \overline{\lim_{\mu+\nu=+\infty}} \sqrt[\mu+\nu]{|a_{\mu,\nu}|}.$$

Se plaçant à un point de vue plus général, d'autres auteurs appellent *rayons de convergence associés* toute paire de nombres positifs (R_1, R_2)

---

pour toutes les valeurs de z_1 et de z_2 vérifiant simultanément les deux inégalités

$$|z_1| < |Z_1|, \quad |z_2| < |Z_2|."$$

Ce n'est pas exact. De ce que la série est convergente pour $z_1 = Z_1$, $z_2 = Z_2$ on ne peut, en effet, conclure qu'il existe une borne (finie) B telle que les nombres

$$|a_{\mu,\nu} Z_1^\mu Z_2^\nu|$$

lui soient tous inférieurs (quels que soient μ et ν); on peut consulter à ce sujet l'article I 4, **16** et, pour plus de détails, *A. Pringsheim,* Sitzgsb. Akad. München 27 (1897), p. 130. Pour rendre exact l'énoncé précédent, il faut supposer expressément que la série entière à deux variables est *absolument* convergente pour $z_1 = Z_1$, $z_2 = Z_2$. Le théorème analogue concernant les séries entières d'*une seule* variable n'exige, au contraire, nullement que la série soit *absolument* convergente.

F. Hartogs [Diss. Munich 1903, éd. Leipzig 1904; Math. Ann. 62 (1906), p. 1/88] a étudié en détail les conditions de convergence (absolue ou non) des séries entières à deux variables envisagées soit comme des séries doubles, soit comme des séries itérées dont les éléments sont groupés suivant les colonnes, les lignes ou les diagonales du tableau qui les représente.

31) Voir par ex. *O. Biermann,* Analyt. Funct.[10]), p. 138; Math. Ann. 48 (1897), p. 394.

32) Si l'on envisage un Tableau de nombres positifs $c_{\mu,\nu}$ à double entrée ($\mu, \nu = 1, 2, 3, \ldots$), les deux symboles

$$\overline{\lim_{\mu+\nu=+\infty}} c_{\mu,\nu} \quad \text{et} \quad \overline{\lim_{\mu,\nu}} c_{\mu,\nu} \qquad (\mu, \nu = 1, 2, 3, \ldots)$$

ont un sens bien distinct. En rangeant les éléments du Tableau suivant ses diagonales successives, on obtient une suite à simple entrée

$$c_{0,0}, c_{0,1}, c_{1,0}, \ldots, c_{0,\mu}, c_{1,\mu-1}, c_{2,\mu-2}, \ldots, c_{\mu,0}, \ldots$$

dont les éléments ont des indices ayant pour somme une suite monotone croissante tendant vers $+\infty$. L'expression $\overline{\lim}_{\mu+\nu=+\infty} c_{\mu,\nu}$ est la limite supérieure des termes de cette suite à simple entrée. L'expression $\overline{\lim}_{\mu,\nu} c_{\mu,\nu}$ est la limite supérieure de la suite *à double entrée* [cf. *A. Pringsheim,* Math. Ann. 53 (1900), p. 296].

satisfaisant aux conditions suivantes: à tout nombre positif δ (plus petit que R_1 et que R_2) correspond une borne positive B (indépendante de μ et ν) telle que l'on ait

$$|a_{\mu,\nu}|(R_1-\delta)^\mu(R_2-\delta)^\nu < B \qquad \begin{pmatrix}\mu = 0, 1, 2, 3, \ldots\ldots \\ \nu = 0, 1, 2, 3, \ldots\ldots\end{pmatrix},$$

tandis qu'il n'existe pas de borne finie pour l'expression

$$|a_{\mu,\nu}|(R_1+\delta)^\mu(R_2+\delta)^\nu.$$

Si R_1 et R_2 sont des rayons de convergence associés, la série entière ayant pour terme général

$$|a_{\mu,\nu} z_1^\mu z_2^\nu|$$

converge pour toute paire de valeurs (z_1, z_2) telles que l'on ait à la fois

$$|z_1| < R_1, \quad |z_2| < R_2;$$

elle diverge pour toute paire de valeurs (z_1, z_2) telles que l'on ait à la fois

$$|z_1| > R_1, \quad |z_2| > R_2.$$

En général, à une augmentation de R_1 correspond une diminution de son associé R_2 et inversement; il existe donc, en général, une infinité de paires de rayons de convergence associés[33]); la paire où $R_1 = R_2$ fournit, en particulier, le rayon de convergence $\overline{R}$ défini plus haut.

Pour une paire quelconque (R_1, R_2) de rayons de convergence associés, on a d'ailleurs la relation plus générale[34])

$$\overline{\lim_{\mu+\nu=+\infty}} \sqrt[\mu+\nu]{|a_{\mu,\nu}|R_1^\mu R_2^\nu} = 1.$$

Les propriétés des séries entières en z_1 et en z_2 s'étendent aux séries entières en $z_1, z_2, \ldots, z_n$, quel que soit le nombre n.

5. Séries entières en z pour $|z| = R$. Trois cas peuvent se présenter:

1°) La série entière en z envisagée est convergente en chacun des points de la circonférence de son cercle de convergence (C).

33) La fonction $R_2 = \varphi(R_1)$ qui permet de déduire de R_1 son associé R_2 est (pour $R_1 > 0$) une fonction *continue* de R_1, comme l'ont démontré *Adolf Meyer* [Öfversigt Vetensk. Akad. förhandl. (Stockholm) 40 (1883), n° 9, p. 15/31], *E. Phragmén* [id. n° 10, p. 17/26], *F. Hartogs* [Diss. Munich 1903, éd. Leipzig 1904, p. 8].

E. Fabry [C. R. Acad. sc. Paris 134 (1902), p. 1190/2] a donné une condition plus précise à laquelle doit nécessairement satisfaire toute fonction $\varphi(R_1)$ fournissant l'associée R_2 de R_1. Cette condition caractérise la fonction φ comme l'ont montré *G. Faber* [Math. Ann. 61 (1905), p. 300] et *F. Hartogs* [Math. Ann. 62 (1906), p. 81]. Cf. *F. Hartogs*, Jahresb. deutsch. Math.-Ver. 16 (1907), p. 231.

34) *E. Lemaire*, Bull. sc. math. (2) 20 (1896), p. 286.

Il peut alors arriver que, en chacun des points de la circonférence du cercle (C), la convergence de la série entière envisagée ne soit pas absolue[35]). Les séries usuelles, qui rentrent dans ce premier cas, sont toutefois, sans aucune exception, absolument convergentes en chacun des points de la circonférence du cercle (C).

2°) La série entière en z envisagée est convergente en certains points a de la circonférence de son cercle de convergence (C) et divergente aux autres points b de cette circonférence.

Dans ce cas en aucun des points a la convergence de la série entière en z ne peut être absolue[36]).

3°) La série entière en z envisagée est divergente en chacun des points de la circonférence de son cercle de convergence (C).

Si, en un point $z = Z$ de la circonférence de son cercle de convergence (C), une série

$$a_0 + a_1 z + a_2 z^2 + \cdots + a_\nu z^\nu + \cdots\cdots$$

est convergente, on a, en désignant par ϱ un nombre positif plus petit que 1 que l'on suppose tendre vers 1[37]) et par $S(z)$ la somme

35) *A. Pringsheim*, Math. Ann. 25 (1885), p. 419; Sitzgsb. Akad. München 30 (1900), p. 68.

Une série très simple rentrant dans ce cas est celle dont le terme général est

$$a_\nu z^\nu = (-1)^\mu \frac{z^\nu}{\nu},$$

où μ désigne le plus grand entier contenu dans $\sqrt{\nu}$.

36) Il peut arriver que, la série

$$a_0 + a_1 + a_2 + \cdots + a_\nu + \cdots\cdots$$

étant divergente, la série

$$|a_0 - a_1| + |a_1 - a_2| + \cdots + |a_\nu - a_{\nu+1}| + \cdots\cdots$$

soit convergente. Dans ce cas la série entière

$$a_0 + a_1 z + a_2 z^2 + \cdots + a_\nu z^\nu + \cdots\cdots$$

converge, sans converger absolument, en tout point z situé sur la circonférence de son cercle de convergence de centre O et de rayon 1, sauf au point $z = 1$ où elle est divergente. Un cas particulier de ce théorème a été cité dans l'article I 6, à la fin du n° **4**.

37) *N. H. Abel*[5]) [J. reine angew. Math. 1 (1826), p. 314; Œuvres, éd. *L. Sylow* et *S. Lie* 1, p. 223] a énoncé et démontré la relation

$$\lim_{\varrho = 1 - 0} S(\varrho Z) = S(Z)$$

dans le cas où Z est un nombre *réel*.

G. Lejeune Dirichlet [J. math. pures appl. (2) 7 (1862), p. 253; Werke 2, Berlin 1897, p. 305] en a donné une seconde démonstration. Voir à ce sujet les remarques de *A. Pringsheim*, Sitzgsb. Akad. München 27 (1897), p. 344.

de la série envisagée,

$$\lim_{\varrho=1-0} S(\varrho Z) = S(Z),$$

et plus généralement, en désignant par z_1 un point quelconque situé à l'intérieur du cercle de convergence (C), et en faisant tendre z_1 vers Z suivant la droite $z_1 Z$[38]),

$$\lim_{z_1=Z} S(z_1) = S(Z).$$

Cette relation a encore lieu[39]) quand on fait tendre z_1 vers Z suivant une courbe quelconque intérieure au cercle de convergence (C) et non tangente en Z à la circonférence de ce cercle de convergence.

Cela résulte de ce que, à l'intérieur et sur le contour de chaque triangle situé dans le cercle (C) et ayant un de ses sommets en Z[40]), la série entière en z envisagée converge *uniformément*.

Les deux relations précédentes ne sont que des cas particuliers des deux relations[41])

$$\lim_{\varrho=1-0} S(\varrho Z) = \lim_{n=+\infty} \frac{1}{n}[s_0 + s_1 + \cdots + s_n],$$

$$\lim_{z_1=Z} S(z_1) = \lim_{n=+\infty} \frac{1}{n}[s_0 + s_1 + \cdots + s_n],$$

dans lesquelles on a posé

$$s_\nu = a_0 + a_1 Z + a_2 Z^2 + \cdots + a_\nu Z^\nu \qquad (\nu = 0, 1, 2, \ldots, n),$$

et qui ont toujours lieu quand existe la limite figurant dans leurs seconds membres.

---

38) *O. Stolz,* Z. Math. Phys. 20 (1875), p. 370; 29 (1884), p. 127; Allg. Arith.[10]) 2, p. 157; *O. Stolz* et *J. A. Gmeiner,* Funktionenth.[10]), p. 287.

39) *E. Picard,* Traité d'Analyse 2, Paris 1893, p. 73; (2ᵉ éd.) 2, Paris 1905, p. 77. Il n'en est d'ailleurs ainsi que si l'on suppose implicitement que la courbe envisagée admet une tangente au point Z. Si elle n'en admettait pas, il faudrait faire tendre z_1 vers Z suivant une courbe restant, aux environs de Z, à l'intérieur d'un angle de sommet Z situé dans le cercle (C).

40) C'est sous cette forme que l'on rencontre ce théorème dans *A. Pringsheim,* Sitzgsb. Akad. München 27 (1897), p. 347.

41) *G. Frobenius,* J. reine angew. Math. 89 (1880), p. 262.

Ces relations, dues à *G. Frobenius,* ont été elles-mêmes généralisées par *O. Hölder,* Math. Ann. 20 (1882), p. 535. Cf. I 4, **20** note 163.

42) Dans la relation

$$\lim_{z_1=Z} S(z_1) = \lim_{n=+\infty} \frac{1}{n}[s_0 + s_1 + s_2 + \cdots + s_n]$$

le passage à la limite doit être effectué de la même façon que dans la relation

$$\lim_{z_1=Z} S(z_1) = S(Z).$$

Voir, à ce sujet, *A. Pringsheim,* Sitzgsb. Akad. München 31 (1901), p. 517.

De la relation

$$\lim_{\varrho = 1-0} S(\varrho Z) = S(Z)$$

on déduit immédiatement qu'il est *nécessaire* pour la convergence de la série

$$a_0 + a_1 Z + a_2 Z^2 + \cdots + a_\nu Z^\nu + \cdots\cdots$$

que la limite

$$\lim_{\varrho = 1-0} S(\varrho Z)$$

soit finie.

Mais cette condition nécessaire n'est pas suffisante. Elle n'est pas suffisante même pour les séries dont les coefficients $a_1, a_2, \ldots\ldots$ vérifient la condition[43])

(1) $$\lim_{n = +\infty} a_n R^n = 0.$$

Mais elle est suffisante pour les séries à coefficients tels que l'on ait

(2) $$\lim_{n = +\infty} n a_n R^n = 0.$$

Elle est même suffisante en un point déterminé Z quand on a, pour ce point[44])

(3) $$\lim_{n = +\infty} \frac{1}{n}(a_1 Z + 2a_2 Z^2 + \cdots + n a_n Z^n) = 0.$$

D'ailleurs, quand la condition (2) est vérifiée, la condition (3) l'est aussi, quel que soit Z.

Dans l'étude de la convergence d'une série entière en z en un point Z de la circonférence de son cercle de convergence (C), il y a lieu de tenir compte non seulement de la relation

$$\lim_{\varrho = 1-0} S(\varrho Z) = S(Z)$$

mais aussi de la façon dont se comporte le long de la circonférence de (C) la fonction[45])

$$f(Z) = \lim_{\varrho = 1-0} S(\varrho Z).$$

---

43) *A. Pringsheim*, Sitzgsb. Akad. München 31 (1901), p. 505.

44) *A. Tauber*, Monatsh. Math. Phys. 8 (1897), p. 273. Voir aussi *A. Pringsheim*, Sitzgsb. Akad. München 30 (1900), p. 51.

D'autres conditions équivalentes ont été données par *K. Knopp*, Rend. Circ. mat. Palermo 25 (1908), p. 237.

45) De ce que la fonction $f(Z)$ est finie et déterminée pour toute valeur Z correspondant à un point de la circonférence du cercle (C), on ne saurait conclure que la série entière en Z

$$a_0 + a_1 Z + a_2 Z^2 + \cdots + a_\nu Z^\nu + \cdots\cdots$$

converge nécessairement même en un seul point de cette circonférence. Il suffit,

On ne peut d'ailleurs poursuivre bien loin cette étude sans faire appel à des considérations étrangères à l'„Analyse algébrique". C'est en représentant les coefficients a_ν de la série entière en z envisagée par des intégrales de Cauchy, ou par des intégrales de Fourier, et en étudiant les propriétés de ces intégrales, que l'on est parvenu à des résultats plus précis concernant la façon dont se comporte une série entière en z sur la circonférence de son cercle de convergence[46]).

Si la série

$$a_0 + a_1 Z + a_2 Z^2 + \cdots + a_\nu Z^\nu + \cdots\cdot\cdot$$

est simplement divergente [I 4, **1**], on a toujours[47])

$$\lim_{\varrho = 1-0} S(\varrho Z) = \infty.$$

6. Autres propriétés fondamentales des séries entières. On doit à *A. L. Cauchy*[48]) le théorème fondamental suivant:

---

de citer la fonction

$$f(Z) = e^{\frac{1}{Z-1}} (Z^2 - 1)^2$$

pour avoir une preuve du contraire [cf. *A. Pringsheim*, Sitzgsb. Akad. München 30 (1900), p. 39; voir aussi Math. Ann. 44 (1894), p. 54].

46) On peut consulter à ce sujet *G. Darboux* [J. math. pures appl. (3) 4 (1878) p. 13], *L. W. Thomé* [J. reine angew. Math. 87 (1879), p. 333; 95 (1883), p. 97; 100 (1887), p. 167], *A. Tauber* [Monatsh. Math. Phys. 2 (1891), p. 79; 6 (1895), p. 118], *J. Hadamard* [J. math. pures appl. (4) 8 (1892), p. 169], *A. Pringsheim* [Sitzgsb. Akad. München 25 (1895), p. 337; 30 (1900), p. 54, 78], *K. Knopp*, Diss. Berlin 1907, éd. Göttingen 1907; et l'essai d'exposition de l'état actuel de la question par *K. Jahraus*, Progr. Ludwigshafen a/R. 1902.

47) On rencontre déjà un cas particulier de ce théorème dans *N. H. Abel* [Suite de notices posthumes intitulée: „Sur les séries", écrite sans doute dans la seconde moitié de l'année 1827; Œuvres, éd. *L. Sylow* et *S. Lie* 2, Christiania 1881, p. 203].

La question est étudiée d'une façon plus générale par *O. Stolz* [Allg. Arith.[10]) 2, p. 159], puis, avec plus de précision, par *A. Pringsheim* [Sitzgsb. Akad. München 30 (1900), p. 41]. *O. Stolz* envisage aussi certains cas où la série entière en z est discrépante [cf. *O. Stolz* et *J. A. Gmeiner*, Funktionenth.[10]), p. 289].

48) *A. L. Cauchy* a déduit cette proposition de son théorème bien connu sur les intégrales des fonctions de variables complexes prises le long d'un contour fermé [Mémoire lithographié publié à Turin en octobre 1831; reproduit en partie dans ses Exercices d'Analyse et de phys. math. 2, Paris 1841, p. 53].

K. Weierstrass l'a établie à l'aide de considérations élémentaires dans un mémoire daté de 1841, mais publié seulement en 1894 [Werke 1, Berlin 1894, p. 67]. Voir aussi *S. Pincherle*, Giorn. mat. (1) 18 (1880), p. 353.

E. Rouché [J. Ec. polyt. (1) cah. 39 (1862), p. 198] avait démontré le même théorème en s'appuyant sur une représentation des coefficients de la série par des valeurs moyennes. Cette façon de procéder a, elle aussi, un caractère élé-

Si la série

$$\cdots\cdots + a_{-n}z^{-n} + \cdots + a_{-1}z^{-1} + a_0 + a_1 z + \cdots + a_n z^n + \cdots\cdots$$

converge uniformément pour tout point z situé sur la circonférence d'un cercle de centre O et de rayon r, et si, en chacun de ces points z, on a, en désignant par $S(z)$ la somme de cette série,

$$|S(z)| \leqq M,$$

où M est un nombre fini (le même pour tous les points de la circonférence envisagée), alors les coefficients a_ν de la série vérifient les inégalités

$$|a_\nu| \leqq \frac{M}{r^\nu} \qquad (\nu = 0, \pm 1, \ldots, \pm n, \ldots\ldots).$$

Ce théorème s'étend[49]) aux séries de deux variables z_1 et z_2 procédant suivant les puissances entières positives et négatives de z_1 et de z_2. Si une telle série converge uniformément pour toutes les paires de points (z_1, z_2) tels que l'on ait

$$|z_1| = r_1, \quad |z_2| = r_2,$$

où r_1 et r_2 sont des nombres positifs donnés, et si pour chacune de ces paires de points, on a, en désignant par $S(z_1, z_2)$ la somme de la série,

$$|S(z_1, z_2)| \leqq M,$$

où M est un nombre fini (le même pour toutes les paires de points envisagées), les coefficients $a_{\mu,\nu}$ de la série vérifient les inégalités

$$|a_{\mu,\nu}| \leqq \frac{M}{r_1^{\mu} r_2^{\nu}} \qquad \begin{pmatrix}\mu = 0, \pm 1, \pm 2, \ldots, \pm n, \ldots\ldots \\ \nu = 0, \pm 1, \pm 2, \ldots, \pm n, \ldots\ldots\end{pmatrix}.$$

Si, pour un ensemble infini de points z admettant $z = 0$ comme point d'accumulation, la somme d'une série entière en z

$$a_0 + a_1 z + a_2 z^2 + \cdots + a_\nu z^\nu + \cdots\cdots$$

est égale à zéro, chacun des coefficients $a_0, a_1, a_2, \ldots, a_\nu, \ldots\ldots$ est nécessairement nul[50]).

---

mentaire; son principe est dû à *A. L. Cauchy* [Exercices d'Analyse et de phys. math. 1, Paris 1840, p. 278]. On retrouve cette démonstration, avec plus de détails, dans *J. A. Serret* [Algèbre supérieure (6ᵉ éd.) 1, Paris 1910, p. 468]. La même méthode est appliquée en toute rigueur et développée par *A. Pringsheim*, Math. Ann. 47 (1896), p. 121; Sitzgsb. Akad. München 26 (1896), p. 167.

49) Cf. *K. Weierstrass*, Werke[48]) 1, p. 68. Voir aussi *S. Pincherle*, Giorn. mat. (1) 18 (1880), p. 336.

50) On énonçait autrefois ce théorème en disant: Si l'on peut déterminer un nombre positif ϱ tel que, pour tous les points z situés à l'intérieur d'un cercle

De même, si pour un ensemble infini de points z admettant comme point d'accumulation un point situé à l'*intérieur*[51]) du cercle de convergence (C) d'une série entière en z, la somme de cette série est nulle, chacun des coefficients de cette série[52]) est nécessairement nul[53]).

---

de centre O et de rayon ϱ, on ait

$$\sum_{\nu=0}^{\nu=+\infty} a_\nu z^\nu = 0,$$

les coefficients a_ν de la série envisagée sont nécessairement tous nuls. La démonstration de ce théorème, calquée sur celle de *L. Euler* [Introd.[1]) 1, p. 176/7; trad. *J. B. Labey* 1, p. 170], laissait d'ailleurs généralement fort à désirer; elle consistait, en effet, à faire alternativement $z = 0$ et à diviser par z.

Une démonstration rigoureuse du théorème en question, basée sur la continuité de la fonction

$$S(z) = \sum_{\nu=0}^{\nu=+\infty} a_\nu z^\nu,$$

se trouve dans *O. Stolz,* Allg. Arith.[10]) 1, p. 183; 2, p. 160; voir aussi *O. Stolz* et *J. A. Gmeiner,* Funktionenth.[10]), p. 180.

Une autre démonstration rigoureuse, et plus intuitive, du même théorème, basée sur la proposition de *A. L. Cauchy*[48]), est reproduite, d'après *K. Weierstrass,* par *S. Pincherle,* Giorn. mat. (1) 18 (1880), p. 344.

Le théorème s'étend à un nombre quelconque de variables [voir par ex. *O. Stolz* et *J. A. Gmeiner,* Funktionenth.[10]), p. 226].

51) Cette condition est essentielle. Quand le point d'accumulation est situé sur la circonférence de (C) il peut fort bien arriver que les coefficients de la série envisagée ne soient pas tous nuls. Le développement, suivant les puissances entières de z, de la fonction

$$\sin \frac{\pi}{z-1}$$

en fournit un exemple.

52) *N. H. Abel* [J. reine angew. Math. 2 (1827), p. 286; Œuvres, éd. *E. Sylow* et *S. Lie* 1, Christiania 1881, p. 618 avait déjà proposé de démontrer que si la somme $\sum_{\nu=0}^{\nu=+\infty} a_\nu x^\nu$ d'une série à coefficients *réels* est nulle pour tous les nombres *réels* x compris dans un intervalle fini (α, β), les coefficients $a_1, a_2, \ldots, a_\nu, \ldots\ldots$ des termes de cette série sont *tous* nuls.

53) La démonstration du théorème énoncé dans le texte repose sur la transformation de la série

$$a_0 + a_1 z + a_2 z^2 + \cdots + a_\nu z^\nu + \cdots\cdots$$

en une série entière en $z - \alpha$ et sur le théorème fondamental énoncé par *K. Weierstrass* [cf. *S. Pincherle,* Giorn. mat. (1) 18 (1880), p. 329; *O. Stolz* et *J. A. Gmeiner,* Funktionenth.[10]), p. 198] sous la forme que voici: „Si dans un domaine (T) deux séries

$$a_0 + a_1(z-a) + a_2(z-a)^2 + \cdots + a_\nu(z-a)^\nu + \cdots\cdots$$
$$b_0 + b_1(z-b) + b_2(z-b)^2 + \cdots + b_\nu(z-b)^\nu + \cdots\cdots$$

Il en résulte que si les sommes

$$\sum_{\nu=0}^{\nu=+\infty} a_\nu z^\nu, \quad \sum_{\nu=0}^{\nu=+\infty} b_\nu z^\nu$$

de deux séries entières en z ont des valeurs égales en une infinité de points z admettant un point d'accumulation α situé à la fois à l'intérieur du cercle de convergence de la première série et à l'intérieur du cercle de convergence de la seconde série, les coefficients des mêmes puissances de z dans les deux séries sont égaux, de sorte que l'on a[54])

$$a_\nu = b_\nu \qquad (\nu = 0, 1, 2, \ldots.).$$

C'est sur ce théorème fondamental que repose entièrement la méthode si féconde des coefficients indéterminés[55]), dont les anciens analystes faisaient déjà un fréquent usage, sans trop se préoccuper de la légitimité de son emploi.

7. Addition, multiplication et division des séries entières en z. On peut évidemment appliquer aux séries entières en z,

$$a_0 + a_1 z + a_2 z^2 + \cdots + a_\nu z^\nu + \cdots\cdot,$$

à condition toutefois que z appartienne au domaine de convergence, les règles d'addition et de multiplication établies pour les séries convergentes à termes constants quelconques

$$\alpha_0 + \alpha_1 + \alpha_2 + \cdots + \alpha_\nu + \cdots\cdot$$

On reconnaît ainsi que les sommes, différences ou produits de séries entières en z peuvent, pour tout z appartenant à la partie com-

---

sont convergentes et si les sommes de ces deux séries sont égales pour une *infinité* de points z du domaine (T) admettant un point d'accumulation situé à l'*intérieur* de (T), ces deux sommes sont aussi égales en chacun des points z du domaine (T).

54) Ce même théorème a encore lieu pour deux séries procédant suivant les puissances entières (positives, nulle et négatives) de z. On le démontre en s'appuyant sur le théorème fondamental de *K. Weierstrass*[58]) et sur le théorème de *A. L. Cauchy*[48]) [voir par ex. *O. Stolz*, Allg. Arith.[10]) 2, p. 167/73].

55) Le principe de cette méthode a déjà été énoncé en passant par *R. Descartes* [Géométrie, Leyde 1637, livre 2; trad. latine par *F. van Schooten*, Leyde 1649, p. 52/6; Œuvres, éd. *Ch. Adam* et *P. Tannery* 6, Paris 1902, p. 418/9]. La méthode elle-même a été bien souvent appliquée, dès la seconde moitié du 17ième siècle, pour déterminer les coefficients du développement en série de fonctions données et aussi les coefficients des séries représentant des intégrales d'équations différentielles données [voir par ex. la lettre de *I. Newton* à *H. Oldenbourg* datée du 24 octobre 1676 (epistola posterior); Opuscula, éd. *J. Castillon* 1, Lausanne et Genève 1744, Opusc. XI, p. 354; Commercium epistolicum *J. Collins*

mune de leurs domaines de convergence, être mis sous la forme d'une série entière en z convergente au moins dans le domaine commun[56]).

---

et aliorum, Londres 1712; éd. *J. B. Biot* et *F. Lefort*, Paris 1856, p. 143; Opera, éd. *S. Horsley* 4, Londres 1782, p. 556].

56) *A. L. Cauchy*, Analyse alg.[3]), p. 156/7; Œuvres (2) 3, p. 140/1.

Quand les rayons R_1 et R_2 des cercles de convergence de deux séries entières

$$a_0 + a_1 z + a_2 z^2 + \cdots + a_\nu z^\nu + \cdots\cdots$$
$$b_0 + b_1 z + b_2 z^2 + \cdots + b_\nu z^\nu + \cdots\cdots$$

sont inégaux, le rayon de convergence R de la série

$$c_0 + c_1 z + c_2 z^2 + \cdots + c_\nu z^\nu + \cdots\cdots$$

représentant leur *somme* ou leur *différence* est égal au plus petit des deux nombres R_1, R_2.

Si, au contraire, $R_1 = R_2$, on a

$$R \geqq R_1 = R_2.$$

Ainsi l'on a, d'une part

$$\sum_{\nu=0}^{\nu=+\infty} z^\nu \pm \sum_{\nu=0}^{\nu=+\infty} \left(\frac{z}{2}\right)^\nu = \sum_{\nu=0}^{\nu=+\infty} \left[1 \pm \left(\frac{1}{2}\right)^\nu\right] z^\nu$$

et ici

$$R_1 = 1; \quad R_2 = 2; \quad R = 1;$$

d'autre part

$$\sum_{\nu=0}^{\nu=+\infty} z^\nu + \sum_{\nu=2}^{\nu=+\infty} \left(\frac{1}{\nu!} - 1\right) z^\nu = \sum_{\nu=0}^{\nu=+\infty} \frac{z^\nu}{\nu!}$$

et ici

$$R_1 = R_2 = 1; \quad R = +\infty.$$

Il en est tout autrement du rayon de convergence R du *produit* de deux séries de rayons de convergence R_1 et R_2. Que R_1 et R_2 soient inégaux ou égaux, non seulement R est toujours au moins égal au plus petit des deux nombres R_1 et R_2, mais il peut arriver que R soit égal au plus grand de ces deux nombres, ou même soit plus grand.

Ainsi pour

$$S_1(z) = \frac{1}{1-z}, \quad S_2(z) = \frac{1}{2-z}, \quad S(z) = \frac{1}{(1-z)(2-z)}$$

on a

$$R_1 = 1, \quad R_2 = 2, \quad \text{tandis que } R = 1.$$

Pour

$$S_1(z) = \frac{1}{1-z}, \quad S_2(z) = \frac{1-z}{2-z}, \quad S(z) = \frac{1}{2-z}$$

on a

$$R_1 = 1, \quad R_2 = 2, \quad \text{tandis que } R = 2.$$

Pour

$$S_1(z) = \frac{1}{1-z}, \quad S_2(z) = \frac{1}{1+z}, \quad S(z) = \frac{1}{1-z^2}$$

on a

$$R_1 = R_2 = R = 1.$$

Pour

$$S_1(z) = \frac{1+z}{1-z}, \quad S_2(z) = \frac{1-z}{1+z} e^z, \quad S(z) = e^z$$

Il en résulte que toute fonction rationnelle entière d'une série convergente entière en z peut être mise sous la forme d'une série convergente entière en z.

Ces règles et propriétés s'appliquent aussi aux séries procédant suivant les puissances entières (négatives, nulle et positives) de la variable.

Pour qu'on puisse mettre sous forme de série entière en z la somme d'un nombre *infini* de séries entières en z, en opérant comme si l'on avait affaire à un nombre fini de séries entières en z, il suffit que l'on puisse fixer un nombre positif R tel que non seulement les sommes

$$S_\mu(z) = \sum_{\nu=0}^{\nu=+\infty} a_\nu^{(\mu)} z^\nu \qquad (\mu = 0, 1, 2, 3, \ldots\ldots)$$

de toutes ces séries soient finies en chacun des points z intérieurs au cercle de centre O et de rayon R, mais encore qu'il en soit de même pour la somme double

$$\sum_{\mu=0}^{\mu=+\infty} \sum_{\nu=0}^{\nu=+\infty} |a_\nu^{(\mu)} z^\nu|.$$

On démontre ce fait en appliquant, pour un point quelconque z situé à l'intérieur de ce cercle, le théorème de *A. L. Cauchy* sur les séries à double entrée [I 6, 5].

K. Weierstrass[57]) a montré que, pour que l'on puisse effectuer ces transformations, il suffit que la série

$$S_0(z) + S_1(z) + \cdots + S_\mu(z) + \cdots\cdots$$

soit uniformément convergente sur la circonférence de chacun des cercles de centre commun O et de rayon plus petit que R[58]).

Pour qu'on puisse mettre la somme d'un nombre infini de séries

---

on a

$$R_1 = R_2 = 1, \quad \text{tandis que} \quad R = +\infty.$$

Pour

$$S_1(z) = \frac{2-z}{1-z}, \quad S_2(z) = \frac{1-z}{2-z} e^z, \quad S(z) = e^z$$

on a

$$R_1 = 1, \quad R_2 = 2, \quad \text{tandis que} \quad R = +\infty$$

[cf. *A. Pringsheim*, Trans. Amer. math. Soc. 2 (1901), p. 405.]

Des considérations analogues s'appliquent aux sommes, différences et produits de séries, procédant suivant les puissances entières (positives, nulle et négatives) d'une variable.

57) Werke[18]) 1, p. 70 [1841]. La démonstration est donnée pour un nombre quelconque de variables.

58) Voir aussi *K. Weierstrass*, Monatsb. Akad. Berlin 1880, p. 723; Werke 2, Berlin 1895, p. 205; *O. Stolz*, Math. Ann. 24 (1884), p. 169; *A. Pringsheim*, Math. Ann. 47 (1896), p. 144. Cf. II 8.

procédant suivant les puissances entières (négatives, nulle et positives) de la variable z, sous forme d'une série procédant aussi suivant les puissances entières (négatives, nulle et positives) de z, il suffit que l'on puisse fixer deux nombres positifs r, R tels que, en chacun des points z de l'anneau circulaire (A) de centre O, de rayon intérieur r et de rayon extérieur R, non seulement les sommes

$$S_\mu(z) = \sum_{\nu=-\infty}^{\nu=+\infty} a_\nu^{(\mu)} z^\nu \qquad (\mu = 1, 2, 3, \ldots\ldots)$$

de toutes ces séries soient finies, mais encore qu'il en soit de même de la somme double

$$\sum_{\mu=1}^{\mu=+\infty} \sum_{\nu=-\infty}^{\nu=+\infty} |a_\nu^{(\mu)} z^\nu|.$$

Il suffit même que la série

$$S_0(z) + S_1(z) + \cdots + S_\mu(z) + \cdots\cdots$$

soit *uniformément* convergente sur chacune des circonférences[59]) concentriques comprises à l'intérieur de l'anneau circulaire (A).

De ce qui précède on déduit immédiatement que toute série entière en z_1, ayant pour somme $S_1(z_1)$, dans laquelle on remplace z_1 par une série entière en z_2 ayant pour somme $S_2(z_2)$, peut, pour des valeurs de $|z_2|$ suffisamment petites, être mise sous la forme d'une série entière en z_2 ayant pour somme[60])

$$S(z_2) = S_1[S_2(z_2)]$$

pourvu que $|S_2(0)|$ soit plus petit que le rayon de convergence de la série entière ayant pour somme

$$S_1(z_1).$$

Cette condition est manifestement vérifiée quand

$$S_2(0) = 0$$

et aussi quand la série de somme $S_1(z_1)$ est partout convergente.

De ce qui précède on déduit aussi que le quotient de deux séries entières en z

$$a_0 + a_1 z + a_2 z^2 + \cdots + a_\nu z^\nu + \cdots\cdots,$$
$$b_0 + b_1 z + b_2 z^2 + \cdots + b_\nu z^\nu + \cdots\cdots,$$

---

59) Cette condition suffisante n'est d'ailleurs nullement nécessaire [*C. Runge*, Acta math. 6 (1885), p. 245; *C. Arzelà*, Rendic. Accad. Bologna (1) 23 (1887/8), p. 25/37].

60) *A. L. Cauchy*, Résumés analytiques, Turin 1833, p. 65, 161; Œuvres (2) 10, Paris 1895, p. 76/7, 177. Voir aussi *S. Pincherle* [Giorn. mat. (1) 18 (1880), p. 339] avec extension au cas d'un nombre quelconque de variables, et *O. Stolz* [Allg. Arith.[10]) 1, p. 284, 294; 2, p. 160].

ayant respectivement pour sommes

$$S_1(z) = \sum_{\nu=0}^{\nu=+\infty} a_\nu z^\nu, \quad S_2(z) = \sum_{\nu=0}^{\nu=+\infty} b_\nu z^\nu,$$

peut toujours, quand b_0 n'est pas nul, être représenté, pour des valeurs suffisamment petites de $|z|$, par une série entière en z

$$c_0 + c_1 z + c_2 z^2 + \cdots + c_\nu z^\nu + \cdots\cdots$$

Chacun des coefficients de cette série est univoquement déterminé. De l'identité

$$\sum_{\nu=0}^{\nu=+\infty} a_\nu z^\nu = \sum_{\nu=0}^{\nu=+\infty} b_\nu z^\nu \sum_{\nu=0}^{\nu=+\infty} c_\nu z^\nu$$

on déduit immédiatement les formules

$$\begin{aligned} b_0 c_0 &= a_0, \\ b_0 c_1 + b_1 c_0 &= a_1, \\ b_0 c_2 + b_1 c_1 + b_2 c_0 &= a_2, \\ &\cdots\cdots\cdots \\ (A) \qquad b_0 c_\mu + b_1 c_{\mu-1} + \cdots + b_\mu c_0 &= a_\mu, \\ &\cdots\cdots\cdots \\ (\mu = \nu,\ \nu+1,\ \nu+2,\ \ldots\ldots), \end{aligned}$$

qui permettent de calculer successivement les coefficients

$$c_0,\ c_1,\ c_2,\ \ldots,\ c_\nu,\ c_{\nu+1},\ c_{\nu+2},\ \ldots\ldots$$

La circonférence du cercle de convergence de la série

$$c_0 + c_1 z + c_2 z^2 + \cdots + c_\nu z^\nu + \cdots\cdots$$

passe [cf. nº 3] par celui des points singuliers de la fonction

$$S(z) = \frac{S_1(z)}{S_2(z)} = \sum_{\nu=0}^{\nu=+\infty} c_\nu z^\nu,$$

qui est le plus proche du point O.

Continuons à supposer $S_2(0)$ différent de zéro et désignons par α le point le plus rapproché du point O pour lequel on a

$$S_2(\alpha) = 0.$$

Si α est situé à l'intérieur des cercles de convergence des deux séries

$$a_0 + a_1 z + \cdots + a_\nu z^\nu + \cdots\cdots,$$
$$b_0 + b_1 z + \cdots + b_\nu z^\nu + \cdots\cdots,$$

ayant respectivement pour sommes $S_1(z)$ et $S_2(z)$, la circonférence du cercle de convergence de la série

$$c_0 + c_1 z + \cdots + c_\nu z^\nu + \cdots\cdots,$$

quotient de ces deux séries, passe par α[61]), pourvu que l'on ait

$$|S_1(\alpha)| > 0.$$

Si, en outre, la fonction $S_2(z)$ n'a qu'un seul zéro de valeur absolue égale à celle de α, on a[62])

$$\alpha = \lim_{\nu=+\infty} \frac{c_\nu}{c_{\nu+1}}.$$

En appliquant le théorème précédent au cas où $S_1(z)$ est la dérivée, prise par rapport à z, d'un polynome $S_2(z)$, de sorte que dans les formules précédentes

$$a_\nu = 0, \quad b_{\nu+1} = 0 \quad \text{pour} \quad \nu \geqq n$$

et que

$$a_0 = b_1, \; a_1 = 2b_2, \; \ldots, \; a_{n-1} = nb_n,$$

on retrouve un procédé dû à *Daniel Bernoulli*[63]) et permettant d'obtenir la racine la plus petite en valeur absolue de l'équation algébrique

$$b_0 + b_1 x + b_2 x^2 + \cdots + b_n x^n = 0.$$

8. Inversion des séries entières. Parmi les propriétés les plus importantes des séries entières que l'on puisse étudier à l'aide de considérations élémentaires, il faut citer encore leur *inversion*[64]).

Soit

$$a_0 + a_1 z + \cdots + a_\nu z^\nu + \cdots\cdots$$

une série entière en z dans laquelle a_1 est supposé différent de 0; si, dans le cercle de convergence de cette série, sa somme est représentée par

$$u = \sum_{\nu=0}^{\nu=+\infty} a_\nu z^\nu,$$

on démontre[65]) que, aux environs du point $u = a_0$, une valeur de z

---

61) Ce théorème avait déjà été démontré par *A. L. Cauchy*, d'abord dans le cas où $S_1(x)$ et $S_2(x)$ sont des polynomes entiers en x [Analyse alg.[2]), p. 396/7; Œuvres (2) 3, p. 327] et ensuite dans le cas général. Cf. note 25 et l'article II 8.

62) *Gy. (J.) König*, Math. Ann. 23 (1884), p. 448. Voir aussi *J. Hadamard*, La série de Taylor[27]), p. 19, 39. Cf. II 8.

63) Cf. note 86 et voir aussi l'article I 12.

64) Le problème de l'inversion d'une série entière a été étudié par *I. Newton* [De analysi per aequationes numero terminorum infinitas (rédigé en 1669), éd. Londres 1711; Opuscula, éd. *J. Castillon* 1, Lausanne et Genève 1744, opusc. I, p. 20; Opera, éd. *S. Horsley* 1, Londres 1779, p. 257].

*Quelques indications concernant cette étude de *I. Newton* ont été publiées dès 1685 par *J. Wallis* [A treatise of algebra, Londres 1685, p. 338/46] (Note de *G. Eneström*).*

65) Ce théorème est démontré en toute rigueur, probablement d'après

vérifiant la relation précédente est donnée par l'expression

$$z = \sum_{\mu=1}^{\mu=+\infty} b_\mu (u - a_0)^\mu,$$

où $b_0, b_1, \ldots, b_\mu, \ldots\ldots$ sont des nombres complexes univoquement déterminés au moyen des coefficients $a_1, a_2, \ldots, a_\nu, \ldots\ldots$ de la série entière envisagée.

La série entière

$$b_1(u - a_0) + b_2(u - a_0)^2 + \cdots + b_\mu(u - a_0)^\mu + \cdots\cdots$$

est dite *l'inverse* de la série entière

$$a_0 + a_1 z + a_2 z^2 + \cdots + a_\nu z^\nu + \cdots\cdots$$

Pour obtenir successivement les coefficients $b_0, b_1, \ldots, b_\mu, \ldots\ldots$ il suffit d'appliquer la méthode des coefficients indéterminés[66]).

Le théorème précédent établissant l'inversion des séries entières est un cas particulier de la proposition plus générale suivante:

Envisageons une série double, entière en z_1 et en z_2, absolument convergente aux environs de $(z_1 = 0, z_2 = 0)$; soit

$$S(z_1, z_2) = \sum_{\mu=0}^{\mu=+\infty} \sum_{\nu=0}^{\nu=+\infty} a_{\mu,\nu} z_1^\mu z_2^\nu$$

sa somme double. Supposons que l'on ait $a_{0,0} = 0$ et que $a_{0,1}$ soit différent de zéro. On démontre que sous ces conditions, l'équation

$$S(z_1, z_2) = 0$$

résolue par rapport à z_2 admet aux environs du point $z_1 = 0$ une solution et une seule de la forme

$$z_2 = \sum_{\lambda=0}^{\lambda=+\infty} b_\lambda z_1^\lambda,$$

où $b_0, b_1, \ldots, b_\lambda, \ldots\ldots$ sont des nombres complexes univoquement déterminés au moyen des coefficients $a_{\mu,\nu}$ de la série double envisagée[67]).

K. Weierstrass, en utilisant un critère de convergence dû à *A. L. Cauchy* [Exercices d'Analyse et de phys. math. 1, Paris 1840, p. 355 § III], par *J. Thomae*, Analyt. Funct.[10]), (1re éd.) p. 107; (2e éd.) p. 137. Voir aussi *O. Stolz*[67]).

66) *C. G. J. Jacobi* [J. reine angew. Math. 6 (1830), p. 267; Werke 6, Berlin 1891, p. 38] a montré comment on peut obtenir *explicitement* les coefficients b_ν de la série entière en $u - a_0$ au moyen des coefficients a_μ de la série entière en z.

67) Démonstration de la convergence dans *O. Stolz*, Math. Ann. 8 (1875), p. 418; Allg. Arith.[10]) 1, p. 296; *O. Stolz* et *J. A. Gmeiner*, Funktionenth.[10]), p. 229; *J. Thomae*, Analyt. Funct.[10]), (1re éd.) p. 109; (2e éd.) p. 139.

Un théorème tout à fait semblable peut être énoncé dans le cas des séries entières à un nombre quelconque de variables[68]). Et ce théorème lui-même peut être considéré comme cas particulier d'un théorème de *K. Weierstrass*[69]), dit „théorème préliminaire" (Vorbereitungssatz), qui est fondamental dans la théorie des fonctions analytiques d'un nombre quelconque de variables.

9. Fonctions rationnelles et séries récurrentes. Le développement en série entière en z d'une fonction rationnelle de z n'est qu'un cas particulier du développement du quotient de deux séries entières en z. Il suffit évidemment, pour obtenir la formule de récurrence fournissant les coefficients successifs du développement en série entière

$$c_0 + c_1 z + c_2 z^2 + \cdots + c_\nu z^\nu + \cdots\cdots$$

du quotient irréductible

$$\frac{a_0 + a_1 z + \cdots + a_m z^m}{b_0 + b_1 z + \cdots + b_n z^n},$$

de faire $a_\nu = 0$ pour $\nu > m$ et $b_\nu = 0$ pour $\nu > n$ dans la formule (A) établie au n° 7.

Si l'on désigne par p le plus grand des deux nombres n et $m+1$ quand ces deux nombres sont inégaux, et chacun de ces deux nombres n et $m+1$ quand ils sont égaux, on a ainsi

$$(1)\qquad \begin{cases} b_0 c_0 = a_0 \\ b_0 c_1 + b_1 c_0 = a_1 \\ b_0 c_2 + b_1 c_1 + b_2 c_0 = a_2 \\ \cdot\ \cdot\ \cdot\ \cdot\ \cdot\ \cdot\ \cdot\ \cdot\ \cdot \\ b_0 c_\nu + b_1 c_{\nu-1} + \cdots + b_{\nu-1} c_1 + b_\nu c_0 = a_\nu \quad \text{pour} \quad \nu < p, \end{cases}$$

avec $a_\nu = 0$ pour $\nu > m$ quand $p = n$, et

$$(2)\qquad b_0 c_\nu + b_1 c_{\nu-1} + \cdots + b_n c_{\nu-n} = 0 \quad \text{pour} \quad \nu \geqq p.$$

Ces dernières relations contiennent chacune $n+1$ termes; elles

---

68) Dans la démonstration qu'il a donnée de ce théorème, *O. Stolz* [Grundzüge der Differential- und Integralrechnung 1, Leipzig 1893, p. 162] utilise une remarque déjà faite par *A. L. Cauchy* et par *K. Weierstrass.*

69) Abh. aus der Funktionenlehre, Berlin 1886, p. 107; Werke 2, Berlin 1895, p. 135 [cf. II 8]. Une autre démonstration, due à *G. Simart*, est contenue dans *E. Picard*, Traité d'Analyse (1re éd.) 2, Paris 1893, p. 243. Signalons aussi les démonstrations élémentaires de *L. Stickelberger* [Math. Ann. 30 (1887), p. 401], de *E. Goursat* [Bull. Soc. math. France 36 (1908), p. 209/15] et de *F. Hartogs* [Sitzgsb. Akad. München 1909, mém. n° 3, p. 3/12].

On trouve dans le mémoire cité de *K. Weierstrass* [Funktionenlehre[69]), p. 111; Werke 2, p. 139] une extension du procédé, dû à *C. G. J. Jacobi*[66]), qui permet de représenter explicitement les coefficients b_ν au moyen des coefficients a_μ.

sont linéaires et homogènes[70]) et chacune d'elles a pour coefficients $b_0, b_1, \ldots, b_n$, c'est-à-dire les coefficients du dénominateur de la fraction envisagée.

On dit souvent, avec *A. de Moivre*[71]), que la série

$$c_0 + c_1 z + \cdots + c_\nu z^\nu + \cdots\cdots,$$

dont les coefficients vérifient les formules (2), est une *série récurrente*[72]), ou, avec *J. L. Lagrange*[73]), qu'elle est une *série récurrente d'ordre n*.

L'ensemble

$$(b_0, b_1, b_2, \ldots, b_n)$$

des $n + 1$ coefficients $b_0, b_1, b_2, \ldots, b_n$ est *l'échelle de relation* (scala relationis) de cette série récurrente.

La fonction rationnelle irréductible

$$\frac{a_0 + a_1 z + \cdots + a_m z^m}{b_0 + b_1 z + \cdots + b_n z^n}$$

est la *fonction génératrice* de la série récurrente.

Si l'on se donne une série récurrente, on peut déterminer la fonction génératrice correspondante[74]). Il en résulte que chaque série

---

70) Par la substitution

$$B_1 = -\frac{b_1}{b_0}, \quad B_2 = -\frac{b_2}{b_0}, \quad \ldots, \quad B_n = -\frac{b_n}{b_0},$$

les formules (2) se transforment en

$$c_\nu = B_1 c_{\nu-1} + B_2 c_{\nu-2} + \cdots + B_n c_{\nu-n}$$

pour $\nu \geqq p$. Quand on écrit ainsi la formule de récurrence, on appelle *échelle de relation* l'ensemble $(B_1, B_2, \ldots, B_n)$ des n nombres $B_1, B_2, \ldots, B_n$.

71) Philos. Trans. London 32 (1722/3), éd. 1724, p. 176. Les résultats contenus dans ce mémoire y figurent sans démonstration; on les retrouve exposés systématiquement et démontrés au moins au point de vue formel dans un ouvrage postérieur de *A. de Moivre,* Miscellanea analytica de seriebus et quadraturis, Londres 1730, p. 27/39.

72) On a avancé [cf. notes 83 et 84] que *G. D. Cassini* avait, dès 1680, étudié certaines propriétés des séries récurrentes. Il est vrai que cet astronome avait envisagé des suites de nombres $c_0, c_1, c_2, \ldots, c_\nu, \ldots\ldots$ satisfaisant à la formule de récurrence

$$c_\nu = c_{\nu-1} + c_{\nu-2}$$

qui rentre, comme cas particulier, dans la formule (2); mais il n'a envisagé [Hist. Acad. sc. Paris 1 (1666/86), éd. 1733, p. 201] que le cas où c_0 et c_1 sont des nombres naturels égaux, d'ailleurs quelconques, et il ne s'est préoccupé que d'établir une propriété *arithmétique* très particulière de la suite envisagée.

73) Nouv. Mém. Acad. Berlin 6 (1775), éd. 1777, p. 185; Œuvres 4, Paris 1869, p. 153.

74) Au sujet de la sommation des séries récurrentes, voir *A. de Moivre,* Misc. analyt.[71]), p. 35; *L. Euler,* Introd.[1]) 1, p. 195/7; trad. *J. B. Labey* 1, p. 186/7. On trouve un exposé des mêmes résultats sous la forme actuellement adoptée

récurrente a nécessairement un cercle de convergence de rayon différent de zéro[75]).

On peut se proposer d'exprimer *explicitement* chacun des coefficients

$$c_n,\ c_{n+1},\ \dots,\ c_{n+\nu},\ \dots\dots$$

au moyen de $c_0, c_1, \dots, c_{n-1}$ considérés comme des *indéterminées.* Ce problème, fondamental dans la théorie qui nous occupe, a été étudié par *A. de Moivre* et par *L. Euler.*

J. L. Lagrange[76]) a reconnu qu'il se ramène à l'intégration d'une équation aux différences linéaires, du $n^{\text{ième}}$ ordre[77]). On peut en déduire directement que sa solution dépend des racines de l'équation du $n^{\text{ième}}$ degré

$$b_0 y^n + b_1 y^{n-1} + \dots + b_{n-1} y + b_n = 0;$$

c'est d'ailleurs ce que *A. de Moivre*[78]) et *L. Euler*[79]) avaient déjà reconnu par des considérations d'un autre ordre. Cette dernière équation est dite *„équation génératrice"* de la série récurrente.

Si les n racines $\alpha_1, \alpha_2, \dots, \alpha_n$ de l'équation génératrice sont

---

dans *J. A. Serret,* Alg. sup.[48]), (6e éd.) 1, p. 521/6 et dans *O. Stolz*, Allg. Arith.[10]) 1, p. 292.

75) Ce théorème peut d'ailleurs être établi directement [cf. *E. B. van Vleck,* Trans. Amer. math. Soc. 1 (1900), p. 294]. Dans ce mémoire *E. B. van Vleck* envisage le cas un peu plus général où la formule de récurrence est

$$c_\nu = B_1^{(\nu)} c_{\nu-1} + B_2^{(\nu)} c_{\nu-2} + \dots + B_n^{(\nu)} c_{\nu-n}$$

et où l'on a

$$\lim_{\nu=+\infty} B_1^{(\nu)} = B_1,\ \lim_{\nu=+\infty} B_2^{(\nu)} = B_2,\ \dots,\ \lim_{\nu=+\infty} B_n^{(\nu)} = B_n.$$

Comme application, *E. B. van Vleck* établit quelques critères généraux de convergence pour les séries entières dont les coefficients satisfont à certaines relations linéaires. Voir aussi, à ce sujet, *M. d'Ocagne,* J. Ec. polyt. (1) cah. 64 (1894), p. 189.

76) Misc. Taurinensis 1 (1759), math. p. 33/42; Œuvres 1, Paris 1867, p. 23/36. Démonstration plus détaillée et d'un caractère plus élémentaire: Nouv. Mém. Acad. Berlin 6 (1775), éd. 1777, p. 183; Œuvres 4, Paris 1869, p. 151.

J. L. Lagrange envisage aussi le cas, un peu plus général, qui correspond aux équations aux différences, *linéaires avec second membre*, où la formule de récurrence est

$$b_0 c_\nu + b_1 c_{\nu-1} + \dots + b_n c_{\nu-n} = \gamma_\nu.$$

Dans son mémoire de 1775, il envisage aussi des séries récurrentes à double entrée que *P. S. Laplace* avait déjà rencontrées dans d'autres recherches [Mém. présentés Acad. sc. Paris (1) 6 (s. d.), éd. 1774, p. 353; (1) 7 (1773), éd. 1776, p. 39; Œuvres 8, Paris 1891, p. 7, 71] et qu'il avait appelées *séries récurro-récurrentes.*

77) Cf. I 21, 8.

78) Misc. analyt.[71]), p. 33.

79) Introd.[1]) 1, p. 177; trad. *J. B. Labey* 1, p. 170/1.

distinctes, on trouve, pour chaque c_ν d'indice $\nu > n$, une expression de la forme

$$c_\nu = P_1 \alpha_1^\nu + P_2 \alpha_2^\nu + \cdots + P_n \alpha_n^\nu,$$

où $P_1, P_2, \ldots, P_n$ dépendent de $c_0, c_1, \ldots, c_{n-1}$ et où chaque P_λ ne dépend, en outre, que de la racine α_λ de même indice.

Si l'équation génératrice a des racines multiples, si α_λ, par exemple, est une racine d'ordre $\varkappa_\lambda$, le coefficient P_λ qui figure dans l'expression précédente doit y être remplacé par un polynome $P_{\varkappa_\lambda}(\nu)$ de degré $\varkappa_\lambda - 1$ en ν[80]).

Le problème proposé est ainsi complètement résolu. Toutefois, il faut remarquer qu'il est le plus souvent impossible pratiquement[81]) d'évaluer les racines α_λ de l'équation génératrice et que, d'autre part, le polynome $P_{\varkappa_\lambda}(\nu)$ qui figure dans l'expression de c_ν (quand α_λ est racine multiple), et varie de forme avec l'ordre de multiplicité $\varkappa_\lambda$ de α_λ, devient rapidement d'une forme très compliquée quand $\varkappa_\lambda$ croît[82]).

Il convenait donc de reprendre le problème pour chercher à en donner une solution plus simple et plus pratiquement utilisable. C'est ce qu'ont fait *Désiré André* et *M. d'Ocagne.*

La formule récurrente que *D. André*[83]) prend pour point de départ de ses recherches est plus générale que la formule (2) ou que la formule de la note 70. C'est (pour $\nu > n$) la formule

$$c_\nu = \beta_\nu + B_1^{(\nu)} c_{\nu-1} + B_2^{(\nu)} c_{\nu-2} + \cdots + B_{n_\nu}^{(\nu)} c_{\nu-n_\nu},$$

où les β_ν sont des nombres donnés, où chaque n_ν est donné en fonction de ν et de constantes, et où les $B_\lambda^{(\nu)}$ sont donnés en fonction de λ et de ν, ou de λ seulement, ou de ν seulement, ou enfin sont de simples constantes.

Suivant les cas, *D. André* distingue ainsi *huit* types de séries récurrentes. Le type le plus général est celui où les $B_\lambda^{(\nu)}$ dépendent

---

80) Ce fait avait été déjà indiqué par *L. Euler* [Introd.[1]) 1, p. 190; trad. *J. B. Labey* 1, p. 181].

J. L. Lagrange [Mém. Acad. Berlin 1792/3, éd. 1798, math. p. 247; Œuvres 5, Paris 1870, p. 627] développe encore davantage le cas des racines multiples.

81) Comme c_ν peut être envisagé comme une solution d'un système d'équations linéaires, on peut naturellement mettre c_ν sous la forme d'un quotient de deux déterminants [cf. I 9, **30**]. Pour l'objet que l'on a ici en vue, cette forme donnée à c_ν ne permet toutefois de réaliser aucun progrès.

82) Au sujet d'une formule citée sans démonstration par *J. L. Lagrange* [Mém. Acad. Berlin 1792/3, éd. 1798, math. p. 256/7; Œuvres 5, Paris 1870, p. 640] et qui permet d'éviter les difficultés résultant de cet inconvénient, voir *C. G. J. Jacobi*, Diss. Berlin 1825, en partic. § 9; Werke 3, Berlin 1884, p. 13/6.

83) Ann. Ec. Norm. (2) 7 (1878), p. 375.

de λ et de ν et où les n_ν dépendent de ν. L'un des types, le sixième, est celui où les n_ν ne dépendent pas de ν et où les $B_\lambda^{(\nu)}$ ne dépendent que de λ; si l'on pose alors, pour chaque indice $\nu \geqq n$,

$$n_\nu = n, \quad B_\lambda^{(\nu)} = B_\lambda$$

on retrouve les séries récurrentes ordinaires.

Des considérations qui rentrent dans l'analyse combinatoire permettent à *D. André* d'obtenir pour chaque c_ν (où $\nu > n$) une expression convenant à la fois aux huit cas qui peuvent se présenter. Dans cette expression générale figurent les β_λ et les $B_\lambda^{(\nu)}$; pour chacun des huit types de séries récurrentes, cette expression générale se réduit à une expression particulière à ce type.

M. d'Ocagne[84]) n'envisage, au fond, que les *séries récurrentes ordinaires*; il s'applique surtout à simplifier tout d'abord l'intégration de l'équation linéaire aux différences, intégration à laquelle il ramène la solution du problème, à l'exemple de *J. L. Lagrange.*

A cet effet, il démontre qu'il suffit finalement de résoudre le problème de la détermination explicite des $c_\nu (\nu > n)$ correspondant à une échelle de relation donnée

$$(B_1, B_2, \ldots, B_n)$$

et aux valeurs particulières

$$c_0 = c_1 = \cdots = c_{n-2} = 0, \quad c_{n-1} = 1,$$

pour obtenir ensuite aisément la solution générale du problème dans tous les cas.

En suivant cette voie, il parvient d'une part à l'expression correspondante obtenue par *D. André* et, d'autre part, à une nouvelle représentation des c_ν au moyen des racines α_λ de l'équation génératrice; cette représentation est beaucoup plus simple que la formule de *J. L. Lagrange.* Il obtient aussi un critère de convergence et une formule de sommation pour les séries

$$c_0 + c_1 + c_2 + \cdots + c_\nu + \cdots\cdots$$

A. Capelli[85]) utilise la même représentation des c_ν à l'aide des racines de l'équation génératrice, dans le but d'élucider, de simplifier et de compléter les recherches de *Daniel Bernoulli*[86]) et de *L. Euler*[87])

84) J. Ec. polyt. (1) cah. 64 (1894), p. 151. On y trouve (p. 222) une construction géométrique qui permet d'obtenir successivement les divers nombres c_ν d'une suite infinie satisfaisant à une formule de récurrence donnée.

85) Rendic. Accad. Napoli (3) 1 (1895), p. 194. Voir aussi *A. Capelli,* Istituzioni di analisi algebrica, Naples 1902, p. 538; (4e éd.) Naples 1909, p. 775.

86) *Daniel Bernoulli,* Comm. Acad. Petrop. 3 (1728), éd. 1732, p. 85.

87) *L. Euler,* Introd.[1]) 1, p. 276; trad. *J. B. Labey* 1, p. 257.

sur les conditions d'existence de $\lim\limits_{\nu=+\infty} \frac{c_{\nu+1}}{c_\nu}$ et sur la démonstration du fait que cette limite est égale à la plus grande des racines de l'équation

$$b_0 + b_1 x + b_2 x^2 + \cdots + b_n x^n = 0.$$

La décomposition d'une fonction rationnelle irréductible $\frac{f_1(z)}{f(z)}$ en éléments simples[88]) est intimement liée à la théorie des séries récurrentes.

Si a est un zéro d'ordre de multiplicité $\varkappa$ de $f(z)$ et si $f_1(a)$ est différent de zéro, on peut, après avoir transformé identiquement $f_1(z)$ en $\varphi_1(z-a)$, et $f(z)$ en $\varphi(z-a)$, développer le produit de $(z-a)^\varkappa$ par la fraction rationnelle irréductible $\frac{\varphi_1(z-a)}{\varphi(z-a)}$ en une série entière en $z-a$,

$$\gamma_0 + \gamma_1(z-a) + \gamma_2(z-a)^2 + \cdots + \gamma_\nu(z-a)^\nu + \cdots\cdots;$$

on a alors

$$\frac{f_1(z)}{f(z)} = \frac{\gamma_0}{(z-a)^\varkappa} + \frac{\gamma_1}{(z-a)^{\varkappa-1}} + \cdots + \frac{\gamma_{\varkappa-1}}{z-a} + \gamma_\varkappa + S(z-a),$$

où $S(z-a)$ est la somme d'une série entière en $z-a$.

Les $\varkappa$ premiers termes de cette expression sont les termes qui, dans la décomposition de la fonction rationnelle $\frac{f_1(z)}{f(z)}$ en éléments simples, correspondent à la racine $z=a$ de l'équation[89])

$$f(z) = 0.$$

Les formules de récurrence (1) et (2) permettent de calculer successivement $\gamma_0, \gamma_1, \gamma_2, \ldots, \gamma_{\varkappa-1}$ au moyen des coefficients des polynomes $\varphi_1(z-a)$, $\varphi(z-a)$. Il suffit alors d'appliquer ce qui précède à chacune des racines de l'équation $f(z)=0$ pour obtenir la décomposition de la fonction rationnelle $\frac{f_1(z)}{f(z)}$ en éléments simples.

Formule du binome.

10. La formule du binome pour une variable réelle. En effectuant le développement, en séries entières en x, des puissances entières positives successives

$$(1+x)^2,\ (1+x)^3,\ (1+x)^4,\ \ldots$$

88) Voir à ce sujet I 9, **24**.

89) Voir par ex. *R. Lipschitz*, Analysis[10]) 1, p. 415; *O. Stolz*, Allg. Arith.[10]) 2, p. 164.

L. Euler [Introd.[1]), p. 175; trad. *J. B. Labey* 1, p. 169] et *A. L. Cauchy* [Analyse alg.[2]), p. 396; Œuvres (2) 3, p. 326] ont montré comment on peut inversement, au moyen de la décomposition d'une fonction rationnelle de z en ses éléments simples, obtenir la série récurrente $c_0 + c_1 z + c_2 z^2 + \cdots + c_\nu z^\nu + \cdots\cdot$ fournissant le développement de cette fonction rationnelle de z.

du binome $1 + x$, on reconnaît immédiatement que, quel que soit le nombre naturel $m = 2, 3, 4, \ldots$ pris pour exposant, ce développement est de la forme

$$(1+x)^m = m_0 + m_1 x + m_2 x^2 + \cdots + m_m x^m$$

et que l'on a toujours

$$m_0 = 1, \quad m_1 = m, \quad m_m = 1.$$

L'expression des coefficients[90]) $m_2, m_3, \ldots, m_{m-1}$ pour tous les exposants m est moins immédiate.

Avant la seconde moitié du 17ième siècle on n'écrivait pas $(1+x)^m$, mais seulement $(1+x)^2$, $(1+x)^3$, $(1+x)^4, \ldots$; aussi n'a-t-on d'abord cherché que des procédés permettant d'obtenir les coefficients des développements des puissances successives de $(1+x)$.

Michel Stifel[91]) indique, mais sans démonstration, un théorème équivalent à la formule de récurrence[92])

$$m_\nu = (m-1)_\nu + (m-1)_{\nu-1}$$

qui permet d'obtenir successivement les valeurs numériques de ces coefficients en tenant compte de ce que $m_i = 0$ pour $i > m$.

Près d'un siècle plus tard, *H. Briggs* enseigne, pour déterminer

---

90) La notation m_n se rencontre, vraisemblablement pour la première fois, dans *H. A. Rothe* [Theorie der combinatorischen Integrale, Nuremberg 1819, p. 44].

N. H. Abel[8]) [J. reine angew. Math. 1 (1826), p. 318; Œuvres, éd. *L. Sylow* et *S. Lie* 1, p. 226] en a fait usage.

Dans une addition à l'article „binome" de l'Encyclopédie ou Dictionnaire raisonné des sciences, des arts et des métiers 2, Paris 1751, *J. de Condorcet* [Encyclopédie méthodique, math. 1, Paris et Liége 1784, p. 222] avait adopté le symbole analogue $(m)^n$ que *A. L. Cauchy* a légèrement modifié [Résumés analytiques, Turin 1833, p. 5; Œuvres (2) 10, Paris 1895, p. 10] en écrivant $(m)_n$.

L. Euler [Acta Acad. Petrop. 5 (1781) I, éd. 1784, p. 89 [1776]] écrivait d'abord $\left[\frac{m}{n}\right]$, puis $\left(\frac{m}{n}\right)$ [cf. I 2, note 21], et c'est cette notation qui a donné naissance au symbole $\binom{m}{n}$ d'un usage fréquent quoique incommode quand m se présente sous une forme fractionnaire. Il en est de même de la notation C_m^n.

Plusieurs mathématiciens allemands ont fait usage de symboles compliqués n'offrant guère d'intérêt [cf. *G. S. Klügel*, Mathematisches Wörterbuch 1, Leipzig 1803, p. 309; *B. F. Thibaut*, Grundriss der allgemeinen Arithmetik, Göttingue 1809, p. 44; (2e éd.) Göttingue 1830; *M. A. Stern*, Algebr. Analysis[8]), p. 44].

91) Arithmetica integra, Nuremberg 1544, fol. 44^{b}. Cf. I 2, note 89.

92) *Plus de quatre siècles avant *M. Stifel*, *Omar Alkhayamî* [Algèbre, écrite vers 1100, trad. par *F. Wöpcke*, Paris 1851, p. 15] affirme pouvoir déterminer les coefficients du développement d'un binome pour un exposant entier positif quelconque, mais on ignore à quel procédé il fait allusion. Les valeurs des coefficients m_ν

les coefficients du développement du binome, un procédé qui équivaut à l'emploi de la formule[93])

$$m_{\nu+1} = \frac{m-\nu}{\nu+1} m_\nu$$

dont aujourd'hui on déduirait immédiatement par itération la formule (1) de *I. Newton*[94]) [p. 36]. *Si on ne l'a pas fait c'est qu'on n'envisageait pas de puissances à exposants entiers quelconques.*

*Un peu plus tard *B. Pascal*[95]) a fait ressortir que les coefficients du développement d'un binome sont les nombres inscrits dans les „cellules d'une même base" du triangle arithmétique qui porte son nom et pour obtenir ces nombres il a indiqué[96]) deux relations qui sont *équivalentes* aux formules

$$m_{\nu+1} = \frac{m-\nu}{\nu+1} m_\nu, \qquad m_\nu = \frac{m(m-1)\ldots(m-\nu+1)}{1\cdot 2\ldots\nu}.$$

Il savait donc former explicitement les divers coefficients de la formule du binome[97]). S'il n'a pas songé à donner en symboles mathématiques la valeur de m_ν pour un entier positif *quelconque* m, c'est seulement parce qu'il ne faisait pas usage de la notation $(1+x)^m$.*

Une heureuse induction[98]) a permis à *I. Newton* d'écrire non

---

pour $m = 2, 3, 4, 5, 6, 7, 8$ et 9 sont indiquées dans le traité de *Initius Algebras* rédigé probablement vers 1500 [voir *M. Curtze*, Abh. Gesch. math. Wiss. 13 (1902), p. 542] (Note de *G. Eneström*).*

93) *H. Briggs*, Trigonometria britannica, rédigée vers 1600, publ. par *H. Gellibrand*, Gouda 1633, p. 21. Cf. *Ch. Hutton*, Tracts on mathematical and philosophical subjects 1, Londres 1812, p. 391/2 (Note de *G. Eneström*).*

94) *P. de Fermat* [Lettre à *Giles Personier* (dit *Roberval*) datée du 4 novembre 1636; Varia opera math., Toulouse 1679, p. 146; Œuvres, éd. *P. Tannery* et *Ch. Henry* 2, Paris 1894, p. 84; Observations sur *Diophante*, De numeris multangulis, Toulouse 1670, p. 16; Œuvres, éd. *P. Tannery* et *Ch. Henry* 1, Paris 1891, p. 341] a, de son côté, donné sans démonstration un théorème sur les nombres figurés que l'on peut traduire par la même formule; *mais *P. de Fermat* ne mentionne pas qu'il s'agit des coefficients de la formule du binome.*

95) *Traité du triangle arithmétique (rédigé en 1654), œuvre posth. imprimée à Paris en 1665; Œuvres, éd. *L. Brunschvicg* et *P. Boutroux* 3, Paris 1908, p. 499/500.

96) **B. Pascal*, Traité[95]); Œuvres 3, p. 455/6, 462/3.*

97) **Jean Bernoulli* [Opera 4, Lausanne et Genève 1742, p. 173] a attribué à *B. Pascal* la découverte de la *formule* même du binome pour m quelconque mais, autant qu'on en peut juger, ce n'est pas exact [cf. *G. Eneström*, Bibl. math. (3) 5 (1904), p. 72/3; *B. Pascal*, Œuvres, éd. *L. Brunschvicg* et *P. Boutroux* 3, Paris 1908, p. 499] (Notes 96 et 97 de *G. Eneström*).*

98) Lettre à *H. Oldenbourg* datée du 24 octobre 1676 (epistola posterior); Opuscula, éd. *J. Castillon* 1, Lausanne et Genève 1744, Opusc. XI, p. 328/57; Commercium epistolicum *J. Collins* et aliorum, Londres 1712; éd. *J. B. Biot* et *F. Lefort*, Paris 1856, p. 122/45; Opera, éd. *S. Horsley* 4, Londres 1782, p. 540/58.

seulement les relations

$$m_1 = m, \quad m_2 = \frac{m(m-1)}{1\cdot 2}, \quad m_3 = \frac{m(m-1)(m-2)}{1\cdot 2\cdot 3}, \quad \ldots$$

mais, en général, quel que soit l'indice entier positif ν, la relation

$$(1) \qquad m_\nu = \frac{m(m-1)(m-2)\cdots(m-\nu+1)}{1\cdot 2\cdot 3\cdots \nu}$$

qui fournit m_ν par un symbole mathématique en fonction de m *et non plus seulement au moyen d'une règle applicable quel que soit m[99]).* On obtient ainsi[100]), pour m entier positif, la formule

$$(2) \qquad (1+x)^m = 1 + \sum_{\nu=1}^{\nu=m} \frac{m(m-1)\cdots(m-\nu+1)}{1\cdot 2\cdots \nu} x^\nu$$

à laquelle on a donné le nom de *formule du binome.* Avant *I. Newton,* elle n'avait jamais été écrite explicitement[101]).

99) **A. de Gagnières* avait communiqué à *B. Pascal* la règle qui donne *explicitement* C_m^ν [*B. Pascal*, Combinationes, écrit vers 1654; Œuvres, éd. *L. Brunschvicg* et *P. Boutroux* 3, Paris 1908, p. 591] et *B. Pascal* savait d'autre part (cf. note 95) que $m_\nu = C_m^\nu$. S'il n'écrivait pas la *formule* de Newton (cf. note 97) c'est seulement parce qu'il n'en voyait pas l'utilité.*

100) On démontre actuellement la formule (1) de diverses manières. La plus répandue consiste à évaluer le nombre des combinaisons simples $m_\nu = C_m^\nu$ de m éléments ν à ν [cf. I 2, **4** et **14**]; elle est au fond due à *B. Pascal*; *Jacques Bernoulli* l'a donnée ensuite plus explicitement; *A. L. Cauchy* [Résumés analytiques, p. 5; Œuvres (2) 10, Paris 1895, p. 10] l'a présentée d'une façon particulièrement élégante en établissant d'abord la relation récurrente presque immédiate $\nu C_m^\nu = m C_{m-1}^{\nu-1}$ de laquelle il déduit, par itération, la formule (1).

Dans certains traités on *vérifie* plutôt qu'on ne *démontre* la formule du binome en prétendant deviner l'expression générale de m_ν d'après celle qu'ont effectivement les coefficients des développements de $(1+x)^2$, $(1+x)^3$, $(1+x)^4, \ldots$ et en montrant ensuite que, si cette expression générale est exacte pour un exposant déterminé m, elle l'est encore pour l'exposant $m+1$; on peut aussi effectuer le produit $(1+x_1)(1+x_2)\ldots(1+x_n)$ et faire ensuite $x_1 = x_2 = \cdots = x_n$. Une véritable démonstration par induction se trouve dans *K. Hattendorff*, Algebraische Analysis, Hanovre 1877, p. 84.

Parfois aussi [cf. *O. Schlömilch,* Handbuch der algebraischen Analysis [9]), (4ᵉ éd.) Iéna 1868, p. 146] on démontre la formule (1) en s'appuyant sur la relation

$$\lim_{h=0} \frac{(1+z+h)^m - (1+z)^m}{h} = m(1+z)^{m-1};$$

mais cette démonstration est plutôt du ressort du calcul différentiel que de celui de l'analyse algébrique.

101) *Il n'est peut-être pas sans intérêt d'indiquer ici en quoi consiste l'induction dont *I. Newton*[98]) a fait usage pour établir la formule du binome.

En partant des résultats de *J. Wallis* sur l'évaluation de l'aire des surfaces limitées par des courbes d'équations $y = (1-x^2)^m$, où m est un nombre naturel, *I. Newton* détermine par interpolation les expressions de cette aire pour $m = \frac{1}{2}$, $\frac{3}{2}$, $\frac{5}{2}, \ldots$ et il en déduit par induction que, pour tout nombre rationnel m, cette

I. Newton vérifie aussi la formule (2) et en conclut que cette formule est valable pour *tout* nombre m positif ou négatif, entier ou fractionnaire. Cette dernière conclusion n'a aucunement le caractère d'une démonstration.

La formule (2) étendue au cas où m est un nombre réel quelconque a été désignée sous le nom de *formule du binome pour un exposant réel quelconque*[102]). Son importance n'a pas échappé aux contemporains de *I. Newton*[102a]). Avant même qu'on soit parvenu à la démontrer rigoureusement, elle a permis d'obtenir de nombreuses relations analytiques. Comme celles-ci conduisaient à des résultats numériques exacts, nul ne doutait de son exactitude. Mais les démonstrations que l'on cherchait à en donner étaient toutes insuffisantes.

Les unes supposaient a priori la possibilité du développement de $(1+x)^m$ en série entière quel que soit m[103]); les autres ren-

---

aire s'exprime par une série dont les coefficients dépendent de ceux du binome. Ce résultat lui suggère l'idée de chercher de la même manière le développement de $(1-x^2)^{\frac{m}{2}}$ pour m entier positif, puis de $(a+b)^m$ pour m entier ou fractionnaire et il trouve ainsi la formule (2).

Les résultats contenus dans la lettre du 24 octobre 1876[96]) de *I. Newton* ont été publiés pour la première fois en 1685 par *J. Wallis* [A treatise of algebra, Londres 1685, p. 319, 330/1]; la lettre elle-même a été publiée pour la première fois en 1699 par *J. Wallis* [Opera 3, Oxford 1699, p. 634/45] (Note de *G. Eneström*).*

102) La formule générale a été donnée par *I. Newton* dans sa lettre à *H. Oldenbourg* datée du 13 juin 1676 (epistola prior) [Opuscula, éd. *J. Castillon* 1, Lausanne et Genève 1744 (Opusc. X), p. 307/22; Commercium epistolicum *J. Collins* et aliorum, éd. *J. B. Biot* et *F. Lefort*, p. 102/12; Opera, éd. *S. Horsley* 4, Londres 1782, p. 524/32].

102a) **I. Newton* donne cette formule générale sous la forme

$$(P+PQ)^{\frac{m}{n}} = P^{\frac{m}{n}} + \frac{m}{n} AQ + \frac{m-n}{2n} BQ + \frac{m-2n}{3n} CQ + \cdots\cdots,$$

où chacune des lettres A, B, C, ... représente le terme qui précède celui où elle figure. Cette formule a été publiée pour la première fois en 1685 par *J. Wallis* [A treatise of algebra, Londres 1685, p. 331]. La lettre même a été publiée en 1699 par *J. Wallis* [Opera 3, Oxford 1699, p. 622/9] (Note de *G. Eneström*).*

103) Ces démonstrations consistent simplement, en effet, à appliquer à la recherche des coefficients du développement cherché la méthode des coefficients indéterminés. C'est ainsi que procèdent *John Colson* [Method of fluxions translated from the latin of I. Newton, to which is subjoind a perpetual comment, Londres 1736, p. 309] et *Colin Maclaurin* [A treatise of fluxions 2, Edimbourg 1742, p. 607; trad. *E. Pezenas*, Traité des fluxions 2, Paris 1749, p. 184].

On n'a donné une démonstration rigoureuse de la formule du binome par des procédés empruntés au calcul différentiel qu'après avoir établi en toute rigueur la formule de Taylor, à la suite des recherches fondamentales sur les

fermaient un cercle vicieux en ce que les coefficients du développement de $(1+x)^m$ y étaient obtenus[104]) en dérivant $(1+x)^m$, alors que, dans le Calcul différentiel, l'expression de la dérivée d'une puissance d'une variable à exposant quelconque n'est obtenue qu'au moyen de la formule du binome[105]).

La première démonstration rigoureuse de la formule du binome dans le cas d'une variable réelle x et d'un exposant quelconque réel m est due à *L. Euler*[106]). Elle ne date que de 1773. Cette démonstration est remarquable, non seulement parce que, contrairement aux essais qui l'ont précédée[107]), elle a un caractère tout à fait élémentaire, mais encore et surtout parce que la méthode entièrement nouvelle dont *L. Euler* a fait usage a une grande portée en analyse[108]).

Au lieu de chercher à *développer le binome* $(1+x)^m$, *L. Euler* cherche à *sommer* la série

$$(3) \qquad m_0 + m_1 x + m_2 x^2 + \cdots + m_\nu x^\nu + \cdots$$

---

principes du calcul différentiel dues à *J. L. Lagrange* et à *A. L. Cauchy* [voir l'article II 8].

104) *L. Euler*, Institutiones calculi differentialis (imprimé à Berlin), éd. St Pétersbourg 1755, p. 124.

105) Calc. diff.[104]), p. 360. *L. Euler* [Comm. Acad. Petrop. 19 (1774), éd. 1775, p. 103/11 [1773]] a d'ailleurs reconnu lui-même cette erreur. Il est assez curieux que dans son „Introduction à l'analyse infinitésimale“ où les développements les plus importants sont tous obtenus en appliquant la formule du binome qui y est même désignée [Introd.[1]) 1, p. 55; trad. *J. B. Labey* 1, p. 54] sous le nom de „théorème général“ (theorema universale), on ne trouve non seulement aucune démonstration de cette formule, mais même aucune allusion à la possibilité de la démontrer.

106) Comm. Acad. Petrop. 19 (1774), éd. 1775, p. 103 [1773].

*Encore dans son Algèbre, *L. Euler* [Vollständige Anleitung zur Algebra 1, St Pétersbourg 1770, p. 233, 238; trad. par *Jean III Bernoulli* 1, Lyon 1774, p. 287, 292] après avoir établi par induction la formule du binome pour m entier positif, en conclut expressément que cette formule est valable pour m quelconque [fractionnaire ou négatif] (Note de *G. Eneström*).*

107) La démonstration de *F. U. Th. Aepinus* [Novi Comm. Acad. Petrop. 8 (1760/1), éd. 1763, p. 169/80] à laquelle *L. Euler*[106]) semble attacher quelque valeur est tout à fait insuffisante.

108) Une démonstration de *L. Euler* datant de 1776 mais qui n'a été publiée qu'après sa mort [Nova Acta Acad. Petrop. 5 (1787), éd. 1789, p. 52/8] rentre dans le type des démonstrations insuffisantes dans lesquelles[103]) on suppose *a priori* que le développement est possible; les expressions des coefficients y sont obtenues en appliquant la méthode des coefficients indéterminés et en résolvant la formule récurrente

$$m_\nu = (m-1)_\nu + (m-1)_{\nu-1}$$

à l'aide d'essais successifs.

Il établit tout d'abord le *théorème d'addition* des coefficients binomiaux; ce théorème se présente sous la forme[109])

$$(4) \qquad m_0 n_\nu + m_1 n_{\nu-1} + \cdots + m_{\nu-1} n_1 + m_\nu n_0 = (m+n)_\nu,$$

quels que soient les nombres réels m et n. A l'aide de ce théorème, il montre que la fonction $f(m)$ de m définie par la somme de la série (3) vérifie l'équation fonctionnelle[110])

$$f(m) f(n) = f(m+n);$$

cette équation admet d'ailleurs, sous certaines restrictions[111]), une et

109) *L. Euler*[106]) ne démontre cette formule (4) que pour des nombres naturels m et n; il se contente, à cet effet, de comparer les coefficients des mêmes puissances dans le développement du produit $(1+x)^m(1+x)^n$ et dans celui du binome $(1+x)^{m+n}$; il admet ensuite l'identité des deux membres de la formule (4) quels que soient m et n. *A. L. Cauchy* [Analyse alg.[2]), p. 98; Œuvres (2) 3, p. 93] démontre la même formule d'abord pour m et n entiers et ensuite pour m et n quelconques, en appliquant le théorème fondamental concernant l'identité de deux polynomes de même degré lorsque ce degré est plus petit que le nombre des racines communes aux deux polynomes.

On trouve une démonstration par induction de la formule (4) dans *S. L'Huilier* [Principiorum calculi differentialis et integralis expositio elementaris, Tubingue 1795, p. VI] et dans *J. de Stainville* [Ann. math. pures appl. 9 (1818/9), p. 230]; ces deux auteurs semblent d'ailleurs être parvenus, sans avoir eu connaissance du mémoire de *L. Euler*[106]), à la même démonstration de la formule du binome.

Une démonstration directe, dans laquelle les deux membres de la formule (4) sont transformés identiquement l'un dans l'autre et qui est, au fond, déjà contenue dans le mémoire de *L. Euler*[90]), se trouve dans *O. Schlömilch* [Handbuch der algebraischen Analysis[9]), (4ᵉ éd.) Iéna 1868, p. 154] et dans *H. R. Baltzer* [Die Elemente der Math. 1, Leipzig 1860; (7ᵉ éd.) 1, Leipzig 1885, p. 219; trad. en italien par *L. Cremona*, Elementi di matematica, parte II, Gênes 1875, p. 124].

110) La convergence des expressions envisagées ne préoccupe encore aucunement *L. Euler*. Elle a été étudiée par *A. L. Cauchy* [Analyse alg.[2]), p. 159; Œuvres (2) 3, p. 142].

A. L. Cauchy montre aussi que quand $f(1) > 0$, on a

$$[f(1)]^m > 0$$

pour tout m réel et que, par conséquent, pour x réel, l'expression

$$(1+x)^m$$

représente l'unique valeur *positive* de la $m^{\text{ième}}$ puissance de $1+x$.

111) On le démontre d'abord sans faire aucune restriction concernant $f(m)$, dans le cas où m est *rationnel*. Afin de pouvoir étendre le même théorème au cas où m est *irrationnel*, *A. L. Cauchy* [Analyse alg.[2]), p. 140; Œuvres (2) 3, p. 99] suppose que $f(m)$ varie d'une façon continue avec m. Une remarque de

une seule solution:

$$f(m) = [f(1)]^m;$$

or $f(1)$, qui est la somme de la série (3) pour $m = 1$, est égale à $1 + x$; donc la somme de la série (3), pour m quelconque, est égale à $(1 + x)^m$.

11. Formule du binome pour une variable complexe. *A. L. Cauchy* a étendu la formule du binome au cas où la variable est complexe. A cet effet, il commence par donner une définition précise[112]) des puissances réelles quelconques m des nombres complexes

$$\begin{aligned} z = a + ib &= r[\cos\varphi + i\sin\varphi] \\ &= r[\cos(\varphi + 2k\pi) + i\sin(\varphi + 2k\pi)], \end{aligned}$$

où $-\pi < \varphi \leqq \pi$, et où k désigne un nombre entier quelconque

---

G. Darboux [Math. Ann. 17 (1880), p. 56] concernant l'équation fonctionnelle

$$f(m) + f(n) = f(m + n)$$

permet d'ailleurs de démontrer le théorème, quand m est irrationnel, en faisant sur la fonction $f(m)$ une hypothèse moins restrictive que celle de la continuité [voir à ce sujet *O. Stolz* et *J. A. Gmeiner*, Theor. Arith.[10]), p. 208]. *G. Hamel* [Math. Ann. 60 (1905), p. 461] a envisagé certaines solutions discontinues de cette même équation fonctionnelle.

Comme la démonstration donnée par *A. L. Cauchy* [Analyse alg.[2]), p. 131/2; Œuvres (2) 3, p. 120/1] de la continuité des fonctions définies par des sommes de séries est insuffisante [cf. II 1, **17** note 204], la conséquence qu'il en tire [Analyse alg.[2]), p. 165; Œuvres (2) 3, p. 146/7] de la continuité de la fonction de m définie par la somme de la série

$$(3) \qquad 1 + m_1 x + m_2 x^2 + \cdots + m_\nu x^\nu + \cdots\cdot\cdot$$

demande également à être complétée; il suffit pour cela de montrer que la série (3) est *uniformément convergente* pour tout m dont la valeur absolue ne dépasse pas un nombre M fixé aussi grand que l'on veut et pour tout x dont la valeur absolue ne dépasse pas un nombre positif arbitrairement fixé parmi ceux qui sont inférieurs à 1 [voir par ex. *O. Stolz*, Allg. Arith.[10]) 1, p. 307].

Il convient de signaler ici l'étrange critique de toute l'„Analyse algébrique" de *A. L. Cauchy* que *M. A. Stern*, prenant pour prétexte cette unique erreur, a faite dans la préface de son Traité [Alg. Analysis[8]), Leipzig 1860]. Elle est d'autant moins justifiée que, si cet ouvrage fondamental de *A. L. Cauchy* contient effectivement une lacune dans la démonstration de ce théorème, cette lacune est loin d'être comblée par la démonstration que *M. A. Stern* proposait à son tour. A une démonstration insuffisante, mais claire, lumineuse et facile à compléter, il se contente en effet d'opposer [Alg. Analysis[8]), p. 87 et p. 395/9] une démonstration longue et confuse qui n'en est pas moins insuffisante pour cela.

112) Analyse alg.[2]), p. 223; Œuvres (2) 3, p. 190. Cette même définition se rencontre déjà dans *L. Euler*, Hist. Acad. Berlin 5 (1749), éd. 1751, p. 266.

(positif, nul ou négatif). Il définit z^m par l'expression

$$z^m = r^m[\cos m(\varphi + 2k\pi) + i \sin m(\varphi + 2k\pi)].$$

Cette définition se trouve être la plus générale pour laquelle subsistent les propriétés fondamentales des puissances des nombres positifs à exposants positifs, en particulier la relation fonctionnelle qui sert de point de départ à la démonstration de *L. Euler* de la formule du binome[113])

$$f(m+n) = f(m)f(n), \quad \text{ici} \quad z^{m+n} = z^m z^n.$$

La fonction z^m ainsi définie est *univoque* pour m entier, *plurivoque* pour m rationnel non entier [si $\frac{p}{q}$ est la valeur réduite de la fraction à laquelle est égal m, z^m admet q valeurs distinctes], *infinivoque* pour m irrationnel.

On appelle généralement *valeur principale*[114]) de z^m celle de ses valeurs qui correspond à $k = 0$.

Ceci posé, *A. L. Cauchy*[115]) étend au cas des variables complexes la méthode de démonstration de la formule du binome de *L. Euler*. Il démontre que la série entière

$$1 + m_1 z + m_2 z^2 + \cdots + m_\nu z^\nu + \cdots\cdots,$$

où

$$m_\nu = \frac{m(m-1)(m-2)\cdots(m-\nu+1)}{1\cdot 2\cdot 3\ldots \nu} \qquad (\nu = 1, 2, 3, \ldots\ldots),$$

113) C'est un principe analogue que *A. L. Cauchy* applique systématiquement dans son „Analyse algébrique" pour étendre au cas où les variables sont complexes les propriétés des fonctions élémentaires déjà démontrées dans le cas des variables réelles. Il applique au fond le *principe de permanence* (des lois formelles), comme on dit aujourd'hui [cf. I 1, **11**] d'après *H. Hankel,* Theorie der complexen Zahlensysteme, Leipzig 1867, p. 10.

114) La locution *valeur principale* (valor principalis, potentia principalis) est due à *E. G. Björling* [K. Vetenskaps Acad. Handlingar (Stockholm) 1845, p. 88/9, 118, 126; id. 1846, p. 288; Archiv Math. Phys. (1) 9 (1847), p. 393, 415, 421; (1) 11 (1848), p. 49].

115) Analyse alg.[2]), p. 296; Œuvres (2) 3, p. 247. Dans son „Analyse algébrique", *A. L. Cauchy* ne s'occupe pas du cas limite où $r = 1$. Il démontre [Exercices math. 1, Paris 1826, p. 8; Œuvres (2) 6, Paris 1887, p. 19] que, quand m est positif, la série du binome converge encore pour $z = -1$. *B. Bolzano* [Der binomische Lehrsatz und als Folgerung aus ihm der polynomische und die Reihen, die zur Berechnung der Logarithmen und Exponentialgrössen dienen, genauer als bisher erwiesen, Prague 1816], qui n'envisage que le cas où z et m sont réels, affirme encore que, abstraction faite du cas où m est entier positif, la série du binome *diverge* toujours pour $z = \pm 1$.

converge, pour tout z de valeur absolue r inférieure à 1, vers la valeur principale de $(1+z)^m$.

Si

$$1 + z = 1 + r(\cos\varphi + i\sin\varphi) = \varrho(\cos\psi + i\sin\psi),$$

en sorte que ϱ et ψ sont donnés par les relations

$$\varrho = \left|\sqrt{1 + 2r\cos\varphi + r^2}\right|$$

$$\operatorname{tg}\psi = \frac{r\sin\varphi}{1 + r\cos\varphi} \quad \text{où} \quad -\frac{\pi}{2} < \psi \leqq \frac{\pi}{2},$$

on a

$$\sum_{\nu=0}^{\nu=+\infty} m_\nu z^\nu = \varrho^m[\cos m\psi + i\sin m\psi].$$

N. H. Abel[116]) a étendu le procédé de démonstration de la formule de *L. Euler* au cas où m est un nombre complexe. Il a étudié et entièrement élucidé le cas limite où la valeur absolue de z est égale à 1. Son mémoire est fondamental, non seulement à cause des résultats auxquels il parvient, mais aussi et surtout à cause de l'étude approfondie qu'il contient de la continuité[117]) des fonctions définies par les sommes de séries entières[118]). Il obtient le résultat très important que voici:

116) J. reine angew. Math. 1 (1826), p. 311; Œuvres[5]) 1, p. 219.

117) Au sujet des conditions sous lesquelles une série est convergente, voir n° 4 note 37. Un autre théorème concernant les conditions de continuité des séries [théorème V du mémoire de *N. H. Abel*[5]) [J. reine angew. Math. 1 (1826), p. 315; Œuvres, éd. *L. Sylow* et *S. Lie* 1, p. 223] n'est pas démontré par *N. H. Abel* [cf. *L. Sylow*, Note publiée dans *N. H. Abel*, Œuvres, éd. *L. Sylow* et *S. Lie* 2, Christiania 1881, p. 303] et ne peut même être démontré puisqu'il est inexact [cf. *A. Pringsheim*, Sitzgsb. Akad. München 27 (1897), p. 35] du moins sous la forme sous laquelle il est énoncé par *N. H. Abel*. Au sujet des restrictions qu'il faut faire dans l'énoncé pour le rendre exact, voir *L. Sylow* et *A. Pringsheim*.

A en juger par les critiques erronées de *F. Arndt* [Archiv Math. Phys. (1) 20 (1853), p. 464] et de *E. G. Björling* [Nova Acta Soc. Upsal. (2) 13 (1847), p. 66, 156] et par les essais, tout à fait manqués, de simplification des démonstrations de *N. H. Abel*, tentés par *A. L. Crelle* [J. reine angew. Math. 4 (1829), p. 305; 5 (1830), p. 187], par *J. A. Grunert* [Archiv Math. Phys. (1) 8 (1846), p. 272; cf. *G. S. Klügel*, Wörterbuch der reinen Mathematik, Supplemente herausgegeben von *J. A. Grunert* 1, Leipzig 1833, p. 283/341] et par *E. G. Björling* [Nova Acta Soc. Upsal. (2) 13 (1847), p. 61/86, 143/86], pour ne citer que quelques noms, il semblerait d'ailleurs que les démonstrations de *N. H. Abel* et la portée des résultats auxquels il était parvenu aient échappé à la plupart de ses contemporains.

118) *N. H. Abel* n'envisage que des équations fonctionnelles concernant des fonctions de *variables réelles*; il lui faut donc envisager séparément l'équation fonctionnelle de la partie réelle et celle de la partie purement imaginaire des

La série, entière en $z = r(\cos\varphi + i\sin\varphi)$,

$$1 + m_1 z + m_2 z^2 + \cdots + m_\nu z^\nu + \cdots\cdots,$$

où

$$m_\nu = \frac{m(m-1)(m-2)\cdots(m-\nu+1)}{1\cdot 2\cdot 3\cdots \nu}$$

($m = p + iq$ étant un nombre complexe donné), est *absolument convergente* pour $r = |z| < 1$.

Quand $p > 0$, cette série converge encore absolument en chacun des points z où $r = 1$. Quand $-1 < p \leqq 0$, elle diverge pour $z = -1$ et converge non-absolument en tout autre point z où $r = 1$. Quand $p \leqq -1$, elle diverge[119]) en chacun des points z où $r = 1$.

En chaque point z pour lequel la série est convergente, sa somme

$$\sum_{\nu=0}^{\nu=+\infty} m_\nu z^\nu$$

est égale à[120])

$$\varrho^p[\cos p\psi + i\sin p\psi]e^{-q\psi}\cdot[\cos(q\lg_e\varrho) + i\sin(q\lg_e\varrho)],$$

où

$$\varrho(\cos\psi + i\sin\psi) = 1 + r(\cos\varphi + i\sin\varphi) = 1 + z,$$

en sorte que ϱ et ψ sont donnés au moyen de r et φ par les relations écrites p. 42[121]).

---

fonctions de variables complexes qu'il étudie. Les démonstrations se simplifient beaucoup lorsqu'on fait intervenir les équations fonctionnelles concernant les fonctions de *variables complexes* et qu'on utilise le caractère analytique de ces fonctions [cf. *O. Stolz*, Allg. Arith.[10]) 2, p. 206; *O. Stolz* et *J. A. Gmeiner*, Funktionenth.[10]), p. 340].

119) La démonstration de la convergence de la série pour $r = 1$, donnée par *N. H. Abel*, est encore bien diffuse; il suffit d'ailleurs d'appliquer les critères de *K. Weierstrass* [J. reine angew. Math. 51 (1856), p. 22; cf. I 6, **3** et **4**] pour obtenir une démonstration de cette convergence aussi simple que précise.

H. E. Heine [J. reine angew. Math. 55 (1858), p. 279] a montré comment, quand on se borne au cas où m est *réel*, l'étude de la série pour $r = 1$ peut être présentée fort simplement; la marche suivie par *H. E. Heine* se retrouve dans un grand nombre de traités contemporains.

120) *N. H. Abel*[8]) [J. reine angew. Math. 1 (1826), p. 329; Œuvres, éd. *L. Sylow* et *S. Lie* 1, p. 238]. Cf. n° **13**.

En séparant la partie réelle et la partie purement imaginaire, *N. H. Abel* déduit de cette expression de $\sum_{\nu=0}^{\nu=+\infty} m_\nu x^\nu$, en particulier pour $r = 1$, des formules de sommation pour certaines séries trigonométriques et des développements en série des puissances (réelles) quelconques de $\cos x$ et de $\sin x$.

121) On peut utiliser la formule du binome pour le calcul des racines à

Exponentielle et logarithme.

12. La fonction e^x. De la relation[122])

$$\left(1+\frac{x}{n}\right)^n=\sum_{\nu=0}^{\nu=+\infty} n_\nu\left(\frac{x}{n}\right)^\nu=\lim_{\nu=+\infty}\sum_{\mu=0}^{\mu=\nu} n_\mu\left(\frac{x}{n}\right)^\mu$$

qui a lieu [n° **10**], quels que soient les nombres *réels* x et n envisagés, on déduit, en faisant croître n indéfiniment

$$\lim_{n=+\infty}\left(1+\frac{x}{n}\right)^n=\lim_{n=+\infty}\left[\lim_{\nu=+\infty}\sum_{\mu=0}^{\mu=\nu} n_\mu\left(\frac{x}{n}\right)^\mu\right]$$

ou, en intervertissant l'ordre des limites,

$$\lim_{n=+\infty}\left(1+\frac{x}{n}\right)^n=\lim_{\nu=+\infty}\left[\lim_{n=+\infty}\sum_{\mu=0}^{\mu=\nu} n_\mu\left(\frac{x}{n}\right)^\mu\right]$$

$$=\lim_{\nu=+\infty}\sum_{\mu=0}^{\mu=\nu}\left[\lim_{n=+\infty} n_\mu\left(\frac{x}{n}\right)^\mu\right]$$

$$=\sum_{\mu=0}^{\mu=+\infty}\left[\lim_{n=+\infty} n_\mu\left(\frac{x}{n}\right)^\mu\right]=1+\sum_{\mu=1}^{\mu=+\infty}\frac{x^\mu}{\mu!}.$$

L'interversion de l'ordre des limites est ici légitime, parce que, quelque grand que soit le nombre entier positif R fixé à volonté, la série

$$1+n_1\frac{x}{n}+n_2\left(\frac{x}{n}\right)^2+\cdots+n_\nu\left(\frac{x}{n}\right)^\nu+\cdots\cdots$$

converge *uniformément* pour $|x|\leq R$ et pour $n\geq n_R$.

L. Euler[123]) et, dans ses premières recherches, *A. L. Cauchy*[124])

indices entiers d'un nombre naturel quelconque. A ce sujet, et au sujet de l'évaluation du „reste" quand, dans la formule du binome, on s'arrête à un terme déterminé, voir par ex. *O. Schlömilch*, Handbuch der algebraischen Analysis[9]), (4e éd.) Iéna 1868, p. 164; *O. Stolz*, Allg. Arith.[10]) 1, p. 308, 313.

La formule générale du binome peut encore être obtenue d'une façon différente par des procédés élémentaires, comme l'a montré *A. L. Cauchy* [voir à ce sujet la note 162].

122) Le développement en série entière

$$1+\frac{x}{1!}+\frac{x^2}{2!}+\cdots+\frac{x^\nu}{\nu!}+\cdots\cdots$$

de la fonction e^x a été donné par *I. Newton* dès 1669 et par *G. W. Leibniz* dès 1676 [cf. I 3, **21** note 241]; *I. Newton* l'a déduit de celui pour $\lg_e(1+x)$ par la méthode de l'inversion des séries. Il a été publié pour la première fois par *J. Wallis* [A treatise of algebra, Londres 1685, p. 343].

123) Introd.[1]) 1, p. 85; trad. *J. B. Labey* 1, p. 84/5. Déjà énoncé (mais sans démonstration) Misc. Berolin. 7 (1743), p. 177.

124) Analyse alg.[3]), p. 167; Œuvres (2) 3, p. 148.

ont fait l'interversion de l'ordre des limites sans la légitimer suffisamment. C'est *J. Liouville*[125]) qui semble avoir été le premier à émettre des doutes sur la légitimité de cette façon de procéder. *A. L. Cauchy*[126]) donna ensuite une démonstration tout à fait rigoureuse de la formule[127])

$$(\alpha) \qquad \lim_{n=+\infty}\left(1+\frac{x}{n}\right)^n = 1+\sum_{\mu=1}^{\mu=+\infty}\frac{x^\mu}{\mu!}.$$

Ceci posé, désignons par $E(x)$ la fonction représentée par chacun des deux membres. Par la substitution $n = x\nu$ on obtient immédiatement

$$E(x) = \lim_{\nu=+\infty}\left[\left(1+\frac{1}{\nu}\right)^{\nu x}\right];$$

mais, d'autre part [I 3, **21**], on a

$$\lim_{\nu=+\infty}\left\{\left[\left(1+\frac{1}{\nu}\right)^\nu\right]^x\right\} = \left[\lim_{\nu=+\infty}\left(1+\frac{1}{\nu}\right)^\nu\right]^x = [E(1)]^x;$$

ainsi

$$E(x) = [E(1)]^x.$$

On a désigné [I 3, **21**] par e[128]) le nombre[129])

$$E(1) = \lim_{n=+\infty}\left(1+\frac{1}{n}\right)^n = 1+\sum_{\mu=1}^{\mu=+\infty}\frac{1}{\mu!};$$

---

125) J. math. pures appl. (1) 5 (1840), p. 280.

126) Exercices d'Analyse et de phys. math. 4, Paris 1847, p. 237. Une démonstration particulièrement simple de cette formule, d'après *G. Darboux,* est donnée par *J. Tannery* et *J. Molk*, Introduction à la théorie des fonctions elliptiques 1, Paris 1893, p. 101/2; cette démonstration convient d'ailleurs aussi au cas où la variable est complexe.

127) Dès 1728, *Daniel Bernoulli* possédait cette relation pour $x = 1$ et probablement aussi pour x quelconque [voir sa lettre à *Chr. Goldbach* datée du 30 janvier 1728; *P. H. Fuss*, Corresp. math. phys. 2, St Pétersbourg 1843, p. 247]. On en trouve une démonstration assez satisfaisante dans *S. L'Huilier*, *Exposition élémentaire des principes des calculs supérieurs, Berlin s. d. [1786], p. 80/1;* Princ. calculi diff.[100]), p. 92.

128) *C'est depuis *L. Euler* qu'on désigne ce nombre par la lettre e; avant *L. Euler* on faisait usage de différents symboles, par ex. N ou c [cf. *G. Eneström*, Bibl. math. (3) 2 (1901), p. 442]. *L. Euler* emploie déjà le symbole e en 1736 [Mechanica 1, St Pétersbourg 1736, p. 139] (Note de *G. Eneström*).*

129) En tenant compte des critiques formulées par *J. Liouville*[125]), *J. A. Grunert* [Archiv Math. Phys. (1) 1 (1841), p. 204] a démontré rigoureusement l'égalité des deux expressions pouvant chacune être donnée comme définition du nombre e avant que *A. L. Cauchy*[126]) n'ait donné sa démonstration rigoureuse de la relation (α).

on a donc établi l'une et l'autre des deux relations fondamentales[130])

$$e^x = \lim_{n=+\infty}\left(1+\frac{x}{n}\right)^n \tag{1}$$

et[131])

$$e^x = 1 + \sum_{\nu=1}^{\nu=+\infty}\frac{x^\nu}{\nu!}. \tag{2}$$

On peut déduire aussi ces relations de ce que la limite

$$\lim_{n=+\infty}\left(1+\frac{x}{n}\right)^n,$$

donc aussi la somme

$$1+\sum_{\nu=1}^{\nu=+\infty}\frac{x^\nu}{\nu!},$$

vérifie l'équation fonctionnelle caractéristique des puissances

$$f(x)f(y) = f(x+y).$$

La fonction e^x ainsi définie croît d'une façon continue de 0 à 1 quand x croît d'une façon continue de $-\infty$ à 0 et elle croît d'une façon continue de 1 à $+\infty$ quand x croît d'une façon continue de 0 à $+\infty$.

Les seconds membres des deux relations (1) et (2) restent finis et déterminés quand on y remplace x par la variable complexe

$$z = x + iy;$$

pour une même valeur de z ils ont encore tous deux la même valeur

130) *A. L. Cauchy,* Analyse alg.[*]), p. 168, 309; Œuvres (2) 3, p. 148/9, 257; Résumés analytiques, Turin 1833, p. 118; Œuvres (2) 10, Paris 1895, p. 134; Exercices d'Analyse et de phys. math. 4, Paris 1847, p. 239.

131) Une démonstration directe de la relation

$$e^x = \lim_{n=+\infty}\left(1+\frac{x}{n}\right)^n$$

ne reposant pas sur la transformation en série de la limite qui figure dans son second membre, a été donnée par *A. L. Cauchy* [Résumés des leçons données à l'Ecole polytechnique sur le calcul infinitésimal, Paris 1823, p. 2; Œuvres (2) 4, Paris 1899, p. 14]. Cf. I 4, **21**.

Ph. Wulf [Monatsh. Math. Phys. 8 (1897), p. 49] démontre par le même procédé la relation

$$\lim_{n=+\infty} n\left[\sqrt[n]{a}-1\right] = \log_e a.$$

et chacun d'eux peut à volonté servir de *définition*[132]) de la fonction

$$e^z$$

pour des valeurs complexes *quelconques* données à z.

La série

$$1 + \frac{z}{1} + \frac{z^2}{2!} + \cdots + \frac{z^\nu}{\nu!} + \cdots\cdots$$

est convergente quelle que soit la valeur finie que l'on donne à z.

Si, n désignant un nombre entier positif, on sépare[133]) dans

$$\left(1 + \frac{x+iy}{n}\right)^n$$

la partie réelle de la partie purement imaginaire, et si l'on fait ensuite croître n indéfiniment, on voit d'ailleurs que l'on a, comme l'a démontré *A. L. Cauchy*[134]),

$$\lim_{n=+\infty}\left(1 + \frac{x+iy}{n}\right)^n = e^x(\cos y + i \sin y).$$

Ainsi donc[135])

$$e^{x+iy} = e^x(\cos y + i \sin y)$$

et, en particulier[136]),

$$e^{iy} = \cos y + i \sin y.$$

---

132) La définition de e^x au moyen de la limite se trouve dans *A. L. Cauchy* [Analyse alg.[2]), p. 309; Œuvres (2) 3, p. 257]; la définition de e^x au moyen de la série se trouve dans *O. Schlömilch* [Handbuch der algebraischen Analysis[9]), (5e éd.) Iéna 1873, p. 237].

On parvient au même résultat en cherchant à former une série entière vérifiant identiquement l'équation fonctionnelle

$$f(x)\,f(y) = f(x+y)$$

et la condition $f(1) = e$. C'est ainsi que procèdent *S. L'Huilier* [Princ. calculi diff.[109]), p. 87/90], *J. de Stainville* [Ann. math. pures appl. 9 (1818/9), p. 239], *M. Ohm* [Syst. der Math.[6]) 2, p. 203], *J. Thomae* [Analyt. Funct.[10]), (1re éd.) p. 49; (2e éd.) p. 75], *O. Stolz* [Allg. Arith.[10]) 2, p. 199], *O. Stolz* et *J. A. Gmeiner* [Funktionenth.[10]), p. 343].

On rencontre d'ailleurs aussi la fonction exponentielle e^z en cherchant à déterminer la plus simple des fonctions transcendantes entières d'une variable complexe z n'ayant aucun zéro (fini). C'est ainsi que procédait *K. Weierstrass* dans ses cours professés à l'Université de Berlin.

133) On commence [*A. L. Cauchy*, Analyse alg.[2]), p. 300; Œuvres (2) 3, p. 250] par séparer la partie réelle et la partie purement imaginaire, dans le cas où n est un nombre entier; on fait ensuite tendre n vers $+\infty$.

134) Analyse alg.[2]), p. 300; Œuvres (2) 3, p. 250.

135) La formule

$$e^{x+iy} = e^x(\cos y + i \sin y)$$

se trouve déjà dans *L. Euler*, Hist. Acad. Berlin 5 (1749), éd. 1751, p. 179. Cf. note 136.

136) On rencontre la formule

$$e^{iy} = \cos y + i \sin y$$

Cette dernière relation met en évidence la périodicité de la fonction e^z; la période est $2i\pi$; elle apparaît immédiatement sur cette formule puisque 2π est la période des fonctions[137]) $\sin y$ et $\cos y$[138]).

13. La fonction $\log_e z$. Si l'on se donne un nombre complexe quelconque z, différent de zéro, la relation

$$z = e^u$$

définit une infinité de nombres complexes correspondants u. Nous dirons de l'ensemble de ces nombres complexes qu'il représente le *logarithme naturel* (ou de base e) de z, et, pour représenter cet ensemble, nous écrirons

$$u = \log_e z.$$

dans *L. Euler* [Introd.[1]) 1, p. 104; trad. *J. B. Labey* 1, p. 102] qui, quelques années auparavant, avait d'ailleurs déjà donné deux formules équivalentes, à savoir [Misc. Berolin. 7 (1743), p. 177]

$$\sin x = \frac{e^{ix} - e^{-ix}}{2i}, \qquad \cos x = \frac{e^{ix} + e^{-ix}}{2}.$$

La formule

$$2 \cos x = e^{ix} + e^{-ix},$$

se rencontre au fond déjà dans une lettre de *L. Euler* à *Jean Bernoulli* datée du 18 octobre 1740 [elle est publiée Bibl. math. (3) 6 (1905), p. 77; cf. *G. Eneström*, id. (2) 11 (1897), p. 48].

137) Dans la théorie des fonctions d'une variable complexe on donne quelques détails sur la distribution, dans le plan des z, des valeurs de e^z. On peut consulter, à ce sujet, *J. Thomae* [Analyt. Funct.[10]), (1re éd.) p. 59; (2e éd.) p. 87] et *H. Burkhardt* [Einführung in die Theorie der analytischen Funktionen einer complexen Veränderlichen, (2e éd.) Leipzig 1903, p. 117].

138) Les propriétés arithmétiques de l'expression e^z dans laquelle z désigne un nombre rationnel ou irrationnel algébrique sont étudiées dans la Théorie des nombres [I 17].

Les fonctions rationnelles envisagées par *Ch. Hermite* [C. R. Acad. sc. Paris 77 (1873), p. 18, 74, 226, 285; tirage à part publié sous le titre: Sur la fonction exponentielle, Paris (s. d.) [1874]; Œuvres 3, sous presse] fournissent une approximation plus rapide que la série

$$1 + \frac{z}{1} + \frac{z^2}{2!} + \cdots + \frac{z^\nu}{\nu!} + \cdots\cdots$$

pour le calcul de la valeur de e^z pour certaines valeurs de z. C'est en s'appuyant sur les propriétés de ces fonctions rationnelles que *Ch. Hermite* [Report British Assoc. 43, Bradford 1873, éd. Londres 1874, Transactions p. 22/3] a d'ailleurs donné une démonstration très simple, où n'intervient pas le calcul intégral, de l'irrationalité de e^x pour toute valeur rationnelle de x, et c'est par un procédé tout à fait semblable qu'il démontre l'irrationalité de π [Cours professé à la Faculté des sciences de Paris en 1882, rédigé par *H. Andoyer* (lithographié) Paris 1882, p. 74/5; (3e éd.) Paris 1887, p. 68]. Voir aussi *M. Godefroy*, Séries[13]), p. 153/5.

De la relation

$$z = r(\cos\varphi + i\sin\varphi) = e^{x+iy} = e^x(\cos y + i\sin y)$$

on déduit immédiatement

$$r\cos\varphi = e^x\cos y,$$
$$r\sin\varphi = e^x\sin y,$$

de sorte que, si l'on désigne par $\lg_e r$ le logarithme réel du nombre positif r, on a

$$x = \lg_e r,$$
$$y = \varphi + 2k\pi \qquad (-\pi < \varphi \leqq \pi),$$

où k est un entier quelconque, positif, nul ou négatif; on en conclut que l'ensemble des solutions $\log_e z$ de l'équation en u

$$z = e^u$$

est fourni par la relation[139])

(1) $$\log_e z = \log_e[r(\cos\varphi + i\sin\varphi)] = \lg_e r + i\varphi + 2ki\pi.$$

En d'autres termes le logarithme naturel d'une variable complexe z est une fonction infinivoque[140]) de z, et ses valeurs, en nombre infini, ne diffèrent entre elles que par des multiples de $2i\pi$.

Celle des solutions de l'équation $z = e^u$ qui correspond à $k = 0$[141]) est ce qu'on appelle la *valeur principale*[142]) du logarithme naturel de z[143]);

139) *L. Euler*, Hist. Acad. Berlin 5 (1749), éd. 1751, p. 165, 277; *A. L. Cauchy*, Analyse alg.[2]), p. 317; Œuvres (2) 3, p. 263.

140) En mettant en évidence que le logarithme peut prendre une infinité de valeurs complexes, *L. Euler* [cf. I 1, **1** note 25] mit fin à une dispute célèbre concernant la nature des logarithmes des nombres négatifs [cf. I 5, **1** note 21] et, plus généralement, des nombres complexes à laquelle prirent part plusieurs des plus grands géomètres du 18ième siècle et qui offre aujourd'hui encore un grand intérêt historique [cf. I 5, **1** notes 17 à 28]. *Voir aussi *E. Lampe*, Abh. Gesch. math. Wiss. 25 (1907), p. 117/37.*

141) Les valeurs principales des logarithmes des nombres complexes $z = x + iy$ pour lesquels $x > 0$ sont envisagées par *A. L. Cauchy* [Analyse alg.[2]), p. 312; Œuvres (2) 3, p. 260]; les valeurs principales des logarithmes de tous les nombres complexes sont envisagées par *A. L. Cauchy* [Exercices d'Analyse et de phys. math. 3, Paris 1844, p. 380; 4, Paris 1847, p. 347] et par *E. G. Björling* [K. Vetenskaps Acad. Handlingar 1845, p. 109/10; Öfversigt Vetensk. Akad. förhandl. (Stockholm) 4 (1847), p. 64; Archiv Math. Phys. (1) 9 (1847), p. 408].

142) Le terme *valeur principale* (valor principalis) est dû à *E. G. Björling*, K. Vetenskaps Acad. Handlingar 1845, p. 126; Archiv Math. Phys. (1) 9 (1847), p. 421.

143) Si l'on construit la surface de *Riemann* qui correspond à une fonction plurivoque d'une variable complexe, la *valeur principale* de cette fonction correspond à un *feuillet* déterminé de la surface (feuillet sur lequel est tracé une coupure). Si $f(z)$ est en particulier une des fonctions dites *élémentaires* [n° **1**]

nous la représenterons [I 5, 8] par le symbole[144])

$$\lg_e z.$$

Pour des valeurs réelles et positives de z la valeur principale du logarithme naturel de z coïncide avec le logarithme réel de z défini [I 1, 28] et [I 3, 21].

Pour cette valeur principale et pour $r = 1$, la relation (1) se réduit à[145])

$$\lg_e(\cos\varphi + i\sin\varphi) = i\varphi,$$

en sorte que l'on a, en particulier,

$$\lg_e i = \frac{i\pi}{2}, \qquad \lg_e(-i) = -\frac{i\pi}{2}, \qquad \lg_e \frac{1 \pm i}{\sqrt{2}} = \pm\frac{i\pi}{4}.$$

On peut mettre la relation (1) sous la forme

$$\log_e z = \lg_e z + 2ki\pi. \tag{2}$$

---

le feuillet correspondant à la valeur principale de $f(z)$ fournit, pour les valeurs réelles (ou positives) z, les valeurs que prend la fonction $f(z)$ définie pour ces valeurs de z en arithmétique ou en géométrie élémentaire.

Quand on prend pour valeur principale de $f(z)$, comme on l'a fait quelquefois pour certaines fonctions élémentaires, une autre des déterminations de $f(z)$ que celle fixée dans le texte, ici ou dans les numéros suivants, on ne fait, au fond, que changer les coupures de ce feuillet de la surface de Riemann correspondant à $f(z)$.

144) Dans son „Analyse algébrique", *A. L. Cauchy* a, pour la première fois, distingué les valeurs principales des fonctions élémentaires par des symboles convenablement choisis.

Pour désigner les valeurs principales il écrit

$$l(z), \qquad a^z, \qquad \sqrt[n]{a}, \qquad \operatorname{arc\,sin} z, \quad \ldots$$

tandis que les fonctions générales correspondantes sont représentées par

$$l((z)), \qquad ((a))^z, \qquad \sqrt[n]{\!\sqrt{a}}, \qquad \operatorname{arc\,sin}((z)), \quad \ldots$$

O. Stolz [Allg. Arith.[10]) 2, p. 200/1] distingue entre les fonctions infinivoques

$$Lz, \qquad \operatorname{Arctg} z, \quad \ldots$$

et leurs valeurs principales

$$lz, \qquad \operatorname{arctg} z, \quad \ldots$$

Dans ses Cours, *K. Weierstrass* écrivait $\overline{\lg} z$ pour représenter la valeur principale du logarithme de z.

G. Peano [Formulaire de math. 5, Turin 1905/8, p. 153, 261] désigne la fonction infinivoque ayant pour détermination principale $\sqrt[n]{a}$ par le symbole $\sqrt[n]{{}^*a}$ et la fonction infinivoque ayant pour détermination principale $\log x$ par le symbole $\log^* x$.

145) Cette relation se rencontre déjà dans *R. Cotes*, Philos. Trans. London 29 (1714/6), p. 32 [1714]; Harmonia mensurarum (publ. avec d'autres travaux du même auteur), Cambridge 1722, p. 28. Cf. Bibl. math. (3) 2 (1901), p. 442.

La fonction plurivoque $\log_e z$ vérifie la même équation fonctionnelle

$$f(z_1 z_2) = f(z_1) + f(z_2)$$

que la fonction univoque $\lg_e x$ de la variable réelle positive x.

A chacune des valeurs (en nombre infini) du premier membre $\log_e(z_1 z_2)$ de cette relation fonctionnelle correspond une valeur déterminée de son second membre, et inversement. Il importe toutefois d'observer que la somme

$$\lg_e z_1 + \lg_e z_2$$

de deux *valeurs principales* $\lg_e z_1$, $\lg_e z_2$ n'est pas toujours égale à la valeur principale[146])

$$\lg_e(z_1 z_2).$$

14. La fonction a^z. L'expression

$$e^{z \log_e a},$$

où a et z sont des nombres complexes quelconques autres que zéro, admet, en général, une infinité de déterminations; on a, en effet, en appliquant la formule (2) du n° **13**,

$$e^{z \log_e a} = e^{z \lg_e a} \cdot e^{2 k i \pi z},$$

où k est un nombre entier quelconque, positif, nul ou négatif. On désigne l'ensemble de ces déterminations par le symbole[147])

$$a^z$$

---

146) Au sujet de cette relation et d'autres analogues concernant les logarithmes, telle que la relation

$$\log(z^n) = n \log z,$$

voir *A. L. Cauchy* [Analyse alg.[2]), p. 328; Œuvres (2) 3, p. 273; Résumés analytiques, Turin 1833, p. 159; Œuvres (2) 10, Paris 1895, p. 174/5], *E. G. Björling* [K. Vetenskaps Acad. Handlingar (Stockholm) 1845, p. 111; Archiv Math. Phys. (1) 9 (1847), p. 409], *O. Stolz* [Allg. Arith.[10]) 2, p. 201], *O. Stolz* et *J. A. Gmeiner* [Funktionenth.[10]), p. 366/70].

147) *L. Euler*, Hist. Acad. Berlin 5 (1749), éd. 1751, p, 273.

A. L. Cauchy [Analyse alg.[2]), p. 310; Œuvres (2) 3, p. 258] n'envisage d'abord que le cas où la base a est un nombre réel positif. Il retrouve ensuite dans le cas d'un nombre complexe quelconque a [Exercices d'Analyse et de phys. math. 3, Paris 1844, p. 385; 4, Paris 1847, p. 255], à peu près en même temps que *E. G. Björling* [K. Vetenskaps Acad. Handlingar (Stockholm) 1845, p. 117/8; Archiv Math. Phys. (1) 9 (1847), p. 414], la définition de *L. Euler*.

Dans le „journal" (Tagebuch) de *C. F. Gauss* publié par *F. Klein* [Math. Ann. 57 (1903), p. 9] se trouve sous le n° 24 la remarque (datée du 14 août 1796): „Obiter $(a + b\sqrt{-1})^{m+n\sqrt{-1}}$ evolutum" qui indique que *C. F. Gauss* s'est lui aussi préoccupé „dans une certaine mesure" de la définition des puissances quelconques; „il ne s'agit en effet très probablement dans cette remarque que de mettre l'expression envisagée sous la forme $A + B\sqrt{-1}$ et non de donner une définition générale des puissances quelconques mettant en évidence l'ensemble de leurs déterminations."

auquel on donne le nom de *puissance générale* de a; a est la *base*, z est l'*exposant* de la puissance[148]).

Si l'on appelle *valeur principale* de la puissance a^z celle qui correspond à $k = 0$, et si on la représente par

$$(a^z),$$

on a

$$(a^z) = e^{z \lg_e a} = \sum_{\nu=0}^{\nu=+\infty} \frac{(z \lg_e a)^\nu}{\nu!}$$

et

$$a^z = e^{z \log_e a} = (a^z)\, e^{2 k i \pi z}.$$

Si donc on pose

$$z = x + iy, \qquad a = A(\cos\alpha + i\sin\alpha), \qquad (A > 0;\ -\pi < \alpha \leqq \pi)$$

ce qui définit sans ambiguïté les quantités réelles x, y, A, α, on a

$$\begin{aligned} a^z &= e^{(x+iy)(\lg_e A + i\alpha + 2ki\pi)} \\ &= e^{x \lg_e A}\, e^{iy \lg_e A}\, e^{ix(\alpha + 2k\pi)}\, e^{-y(\alpha+2k\pi)} \\ &= A^x e^{-y(\alpha+2k\pi)} [\cos(x\alpha + 2k\alpha\pi + y \lg_e A) + i \sin(x\alpha + 2k\alpha\pi \\ &\qquad + y \lg_e A)]. \end{aligned}$$

En particulier

$$(a^z) = A^x e^{-y\alpha}[\cos(x\alpha + y\lg_e A) + i\sin(x\alpha + y\lg_e A)].$$

Le théorème de *N. H. Abel* cité à la fin du n° 9 peut être maintenant énoncé de la façon suivante:

Lorsque la série

$$m_0 + m_1 z + m_2 z^2 + \cdots + m_\nu z^\nu + \cdots\cdot\cdot$$

où

$$m_0 = 1, \qquad m_1 = m, \quad \ldots, \qquad m_\nu = \frac{m(m-1)\cdots(m-\nu+1)}{1\cdot 2\cdots \nu}, \quad \ldots\ldots,$$

est convergente, sa somme

$$\sum_{\nu=0}^{\nu=+\infty} m_\nu z^\nu$$

est égale à la valeur principale de

$$(1+z)^m.$$

Les puissances quelconques a^z que l'on vient de définir, envi-

---

148) *A. L. Cauchy* et *E. G. Björling* ont défini le logarithme d'un nombre complexe z dans un système de *base complexe* b, à l'aide du logarithme naturel de z, par la relation

$$\log_b z = \frac{\log_e z}{\lg_e b}.$$

sagées comme fonctions de la variable complexe z, vérifient les mêmes équations fonctionnelles

(1) $$a^{z_1}a^{z_2} = a^{z_1+z_2},$$

(2) $$(a^{z_1})^{z_2} = a^{z_1 z_2},$$

(3) $$a^z b^z = (ab)^z$$

que les puissances à base réelle positive et à exposant réel positif, avec une restriction toutefois concernant les équations (1) et (2). Tandis que, dans ces équations (1) et (2), à chacune des déterminations du second membre correspond une détermination du premier membre, les premiers membres peuvent prendre des valeurs que ne peuvent prendre les seconds membres. Dans l'équation (3) au contraire à chaque détermination de chacun des deux membres correspond une détermination de l'autre membre[149]).

15. Développements en série des logarithmes. Avant l'invention du calcul infinitésimal on évaluait la valeur (réelle) des logarithmes des nombres positifs de diverses manières, en ne se préoccupant que d'obtenir approximativement ces valeurs pour un nombre suffisant de nombres positifs.

L'un de ces procédés revient au fond à ceci[150]): pour calculer $\lg_{10} x$ on peut chercher à déterminer une suite

$$\sigma_0, \sigma_1, \sigma_2, \ldots, \sigma_\nu, \ldots\ldots$$

de fractions décimales

$$\sigma_\nu = a_0 + \frac{a_1}{10} + \frac{a_2}{10^2} + \cdots + \frac{a_\nu}{10^\nu}$$

---

149) On dit d'une équation, dans les deux membres de laquelle figure une fonction infinivoque, qu'elle est *complète*, lorsqu'à chaque détermination de la fonction infinivoque dans chacun des deux membres de l'équation correspond une détermination de la fonction dans l'autre membre de la même équation.

Les relations usuelles où figurent des puissances peuvent être complètes, ou non. Qu'elles soient d'ailleurs complètes ou non, il peut arriver qu'on obtienne un résultat faux quand on remplace dans l'une ou l'autre de ces relations chaque puissance qui y figure par sa valeur principale. Voir, à ce sujet, *A. L. Cauchy* [Exercices d'Analyse et de phys. math. 3, Paris 1844, p. 376], *E. G. Björling* [K. Vetenskaps Acad. Handlingar (Stockholm) 1845, p. 99/100], *O. Stolz* [Allg. Arith.[10]) 2, p. 203] et, d'une façon plus détaillée encore *O. Stolz* et *J. A. Gmeiner* [Theor. Arith.[10]), p. 370/7].

150) *O. Stolz* et *J. A. Gmeiner*, Funktionenth.[10]), p. 210.

vérifiant les inégalités

$$10^{\sigma_0} < x < 10^{\sigma_0+1},$$

$$10^{\sigma_1} < x < 10^{\sigma_1+\frac{1}{10}},$$

$$\cdots\cdots\cdots$$

$$10^{\sigma_\nu} < x < 10^{\sigma_\nu+\frac{1}{10^\nu}},$$

$$\cdots\cdots\cdots$$

Cette suite définit $\lg_{10} x$, car on peut manifestement envisager cette quantité comme la limite vers laquelle tend σ_ν quand ν croît indéfiniment.

Le procédé dont *H. Briggs*[151]) et *A. Vlacq* ont fait usage pour construire leur table revient, au fond, à commencer par dresser une table renfermant les racines carrées, quatrièmes, huitièmes, ..., du nombre 10. Tout nombre réel quelconque donné N pouvant toujours être mis d'une seule manière sous la forme

$$N = 10^m \sqrt[2^n]{10}\,\sqrt[2^p]{10}\,\sqrt[2^q]{10}\,\ldots\ldots \quad (\text{où } n < p < q < \cdots\cdots),$$

il suffit de faire usage de cette table de racines de 10 pour obtenir la valeur de $\lg_{10} N$ par la formule

$$\lg_{10} N = m + \frac{1}{2^n} + \frac{1}{2^p} + \frac{1}{2^q} + \cdots\cdots$$

Ce procédé[152]) revient évidemment à écrire $\log_{10} N$ dans le système binaire de numération[153]).

---

151) Arithmetica logarithmica, Londres 1624; (2e éd.) publiée et notablement complétée par *A. Vlacq*, Gouda 1628. Tout d'abord on n'avait pas envisagé les logarithmes comme les fonctions inverses des puissances. Les premiers constructeurs de „Tables de logarithmes", en particulier *J. Neper* [Mirifici logarithmorum canonis descriptio, Edimbourg 1614] et *J. Bürgi* [Arithmetische und geometrische Progress-Tabuln, Prague 1620], introduisaient les logarithmes b des nombres positifs a en faisant correspondre terme par terme les éléments d'une suite de nombres b en progression arithmétique aux éléments d'une suite de nombres a en progression géométrique (avec interpolation quand il y avait lieu). Avec *I. Newton* les logarithmes apparaissent nettement comme les fonctions inverses des puissances [De analysi[64]), Londres 1711; Opuscula 1, p. 21; Opera, éd. *S. Horsley* 1, p. 258].

152) Un procédé suivi par *L. Euler* [Introd.[1]) 1, p. 75/6; trad. *J. B. Labey* 1, p. 74/5] consiste à prendre pour le logarithme de la moyenne geométrique de deux nombres positifs la moyenne arithmétique des logarithmes de ces deux nombres. *L. Euler* fait lui-même observer que ce procédé ne diffère pas, au fond, de celui de *H. Briggs* et de *A. Vlacq*.

153) C'est ce que fait, par ex., *F. Hočevar*, Lehrbuch der Arithmetik und Algebra für Obergymnasien, Vienne 1902, p. 134.

On pourrait de même écrire $\lg_{10} N$ sous forme de fraction décimale en formant préalablement une table[154]) des puissances de 10 à exposants[155]):

$$\begin{array}{l} 0{,}1;\quad 0{,}2;\quad 0{,}3;\quad \ldots;\quad 0{,}9;\ \ldots\ldots \\ 0{,}01;\quad 0{,}02;\quad 0{,}03;\quad \ldots;\quad 0{,}09;\ \ldots\ldots \\ \cdot\ \cdot\ \cdot\ \cdot\ \cdot\ \cdot\ \cdot\ \cdot\ \cdot\ \cdot\ \cdot\ \cdot\ \cdot\ \cdot\ \cdot\ \cdot\ \cdot \\ \frac{1}{10^k};\quad \frac{2}{10^k};\quad \frac{3}{10^k};\quad \ldots;\quad \frac{9}{10^k};\ \ldots\ldots \\ \cdot\ \cdot\ \cdot\ \cdot\ \cdot\ \cdot\ \cdot\ \cdot\ \cdot\ \cdot\ \cdot\ \cdot\ \cdot\ \cdot\ \cdot\ \cdot\ \cdot \end{array}$$

A l'aide de considérations rappelant celles dont on fait usage dans le calcul intégral, *N. Mercator*[156]) a, le premier, obtenu le développement en série entière,

$$\frac{x}{1} - \frac{x^2}{2} + \frac{x^3}{3} - \cdots + (-1)^{\nu-1}\frac{x^\nu}{\nu} + \cdots\cdots$$

de la fonction $\lg_e(1+x)$. Ce développement a été déduit, peu après, de la formule du binome à l'aide de considérations élémentaires par *E. Halley*[157]). C'est aussi la voie suivie par *L. Euler*[158]).

Le procédé de *E. Halley* a été exposé, d'une façon au fond rigoureuse, par *A. L. Cauchy*[159]).

Pour démontrer l'égalité[160])

$$\lg_e(1+x) = \sum_{\nu=1}^{\nu=+\infty} (-1)^{\nu-1}\frac{x^\nu}{\nu} \qquad (-1 < x < 1),$$

---

154) D'après *O. Stolz* [Allg. Arith.[10]) 1, p. 339], *Chr. Kramp* aurait construit une table de ce même type au moyen d'extractions de racines carrées et cinquièmes; *mais il est presque certain que *O. Stolz* a écrit par erreur *Kramp* au lieu de *A. Burja* qui a exposé ce procédé de calcul des logarithmes vulgaires [voir par ex. Mém. Acad. Berlin 1786/7, éd. 1792, math. p. 433/78; id. 1788/9, éd. 1793, math. p. 300/25] (Note de *G. Eneström*)*.

155) On rencontre aussi une table de ce genre dans *P. N. C. Egen*, Handbuch der allgemeinen Arithmetik (3e éd.) 1, Berlin 1846, p. 245/9.

156) Logarithmotechnia, Londres 1668, (prop. 17); nouv. éd. par *F. Masères*, Scriptores logarithmici 1, Londres 1791, p. 192, 195.

157) Philos. Trans. London 19 (1695/7), éd. 1698, p. 60.

158) Introd.[1]) 1, p. 88; trad. *J. B. Labey* 1, p. 87/8. *On ignore si *L. Euler* a connu l'écrit de *E. Halley* (Note de *G. Eneström*)*.

159) *A. L. Cauchy*, Analyse alg.[2]), p. 170; Œuvres (2) 3, p. 150. Voir aussi *O. Schlömilch*, Handbuch der algebraischen Analysis[9]), (4e éd.) Iéna 1868, p. 33, 180. La démonstration de *A. L. Cauchy* n'est pas tout à fait complète; la notion de convergence uniforme lui fait encore défaut.

160) On parvient aisément au développement de $\lg_e(1+x)$ en série entière [Cf. *A. L. Cauchy*, Résumés analytiques, Turin 1833, p. 77; Œuvres (2) 10, Paris 1895, p. 89; *O. Schlömilch*, Handbuch der algebraischen Analysis[9]), (5e éd.) Iéna 1873, p. 62/6] en remarquant que $1 + x = 1 + \alpha n$ est le dernier terme de la pro-

A. L. Cauchy[161]) s'appuie sur ce que l'on a, pour tout nombre réel x et quel que soit δ,

$$\lim_{\delta=0} \frac{(1+x)^{\delta}-1}{\delta} = \lg_e(1+x).$$

En développant $(1+x)^{\delta}$ en série suivant la formule du binome, on a

$$\frac{(1+x)^{\delta}-1}{\delta} = \sum_{\nu=1}^{\nu=+\infty} \frac{(\delta-1)(\delta-2)\cdots(\delta-\nu+1)}{1\cdot 2\cdots \nu} x^{\nu};$$

si donc on passe à la limite pour $\delta = 0$, en remarquant que la série dont la somme figure dans le second membre est uniformément convergente pour tout x dont la valeur absolue est inférieure à un nombre positif < 1, arbitrairement fixé, et pour tous les δ inférieurs en valeur absolue à un certain nombre positif η, on voit que

$$\lg_e(1+x) = \sum_{\nu=1}^{\nu=+\infty} (-1)^{\nu-1} \frac{x^{\nu}}{\nu}.$$

---

gression arithmétique

$$1,\ 1+\alpha,\ 1+2\alpha,\ \ldots,\ 1+n\alpha,$$

et ensuite que $\log_e(1+x)$ est compris entre

$$N = \frac{\alpha}{1+\alpha} + \frac{\alpha}{1+2\alpha} + \cdots + \frac{\alpha}{1+n\alpha} \text{ et } N_1 = \alpha + \frac{\alpha}{1+\alpha} + \cdots + \frac{\alpha}{1+(n-1)\alpha}.$$

Pour des valeurs infiniment grandes de n (ou infiniment petites de α), $\log_e(1+x)$ diffère infiniment peu de $\frac{N+N_1}{2}$, si bien que

$$\log_e(1+x) = \lim_{n=0} \frac{N+N_1}{2}.$$

En remplaçant N et N_1 par leurs expressions, où l'on a préalablement développé les termes en séries entières en α, on obtient

$$\log_e(1+x) = \lim_{\alpha=0}\left[n\alpha - \alpha^2\sum_{m=1}^{m=n} m + \alpha^3 \sum_{m=1}^{m=n} m^2 - \cdots\cdots\right];$$

d'où, comme $\alpha = \frac{x}{n}$,

$$\log_e(1+x) = x - \frac{x^2}{2} + \frac{x^3}{3} - \cdots + (-1)^{\nu-1}\frac{x^{\nu}}{\nu} + \cdots\cdots$$

A. de Moivre [Philos. Trans. London 20 (1698), p. 192] avait obtenu ce développement par la méthode des coefficients indéterminés en utilisant l'équation fonctionnelle $\log_e(x^n) = n \log_e x$.

J. Thomae [Analyt. Funct.[10]), (1re éd.) p. 67; (2e éd.) p. 99] déduit le même développement de l'équation fonctionnelle

$$\log_e(xy) = \log_e x + \log_e y.$$

C'est au fond le procédé de *A. de Moivre.*

161) *L. Euler*, Comm. Acad. Petrop. 5 (1730/1) éd. 1738, p. 46 [1729]. On trouve une démonstration, d'après *Ph. Wulf*[131]) dans *O. Stolz* et *J. A. Gmeiner*, Funktionenth.[10]), p. 219 (voir aussi id. p. 379).

En vertu du théorème de *N. H. Abel* sur la continuité des séries entières, cette formule subsiste pour $x = 1$; on a donc

$$\lg_e 2 = \sum_{\nu=1}^{\nu=+\infty} (-1)^{\nu-1} \frac{1}{\nu}.$$

A. L. Cauchy[162]) a encore un peu modifié cette démonstration. Il part de la relation

$$\sum_{\nu=1}^{\nu=+\infty} m_\nu x^\nu = (1+x)^m - 1 = e^{m \lg_e (1+x)} - 1 = \sum_{\nu=1}^{\nu=+\infty} \frac{m^\nu}{\nu!} [\lg_e (1+x)]^\nu,$$

et égale les coefficients des mêmes puissances de m dans le premier et dans le dernier membre après avoir appliqué son théorème sur les séries doubles [cf. I 4, **16**]. Il obtient ainsi le développement en série entière en x de $\lg_e (1+x)$, $\lg_e^2 (1+x)$, $\lg_e^3 (1+x)$, ...

16. Calcul des logarithmes. Le fait que la série

$$(1) \qquad \frac{x}{1} - \frac{x^2}{2} + \frac{x^3}{3} - \cdots + (-1)^{\nu-1} \frac{x^\nu}{\nu} + \cdots\cdots$$

ne converge que dans le cercle de centre 0 et de rayon 1 n'empêcherait pas de calculer[163]), à l'aide de cette série, les logarithmes de tous les nombres positifs x. Il suffirait en effet[164]), dans le cas d'un

162) Analyse alg.*), p. 546; Œuvres (2) 3, p. 447/8.

A. L. Cauchy [Résumés analytiques, Turin 1833, p. 81; Œuvres (2) 10, Paris 1895, p. 93] suit aussi la marche inverse qui consiste à remplacer dans l'équation

$$(1+x)^m = e^{m \log_e (1+x)} = 1 + \sum_{\nu=1}^{\nu=+\infty} \frac{m_\nu [\log_e (1+x)]^\nu}{\nu!}$$

les logarithmes naturels qui y figurent par leurs développements en séries entières obtenues en appliquant la méthode mentionnée dans la note 160, et à ordonner suivant les puissances croissantes de x l'expression ainsi obtenue, en appliquant à cet effet son théorème fondamental sur les séries doubles [Cf. I 4, **16**]. Il établit ainsi la formule du binome dans le cas où x et m sont réels et étend enfin cette même formule au cas général où la variable et l'exposant sont complexes[170]).

163) Cf. *O. Schlömilch*, Handbuch der algebraischen Analysis[9]), (4e éd.) Iéna 1868, p. 181.

164) „Le procédé dont *J. Wallis* [Philos. Trans. London 2 (1667/8), p. 754/5] s'est servi ne diffère qu'en apparence de celui du texte; quoique présenté sous une forme géométrique, il est en effet fondé sur le même principe. Si $a > 1$, *J. Wallis* part de l'identité

$$\lg_e a = \int_1^a \frac{dx}{x}$$

et pose $\frac{x}{a} = 1 - y$; d'où

nombre $x > 1$, de calculer

$$\lg_e \frac{1}{x}$$

à l'aide du développement (1) et d'écrire ensuite que l'on a

$$\lg_e x = -\lg_e \frac{1}{x}\cdot$$

Mais la série (1) ne converge que très lentement; même si l'on se bornait à un petit nombre de décimales les calculs seraient, en général, extrêmement longs. Aussi opère-t-on autrement.

De la relation

$$\lg_e \frac{1+x}{1-x} = \lg_e(1+x) - \lg_e(1-x) = \sum_{\nu=0}^{\nu=+\infty} \frac{2x^{2\nu+1}}{2\nu+1}$$

on déduit immédiatement, en posant

$$\frac{1+x}{1-x} = \frac{a}{b}, \qquad x = \frac{a-b}{a+b},$$

la formule[165])

$$\lg_e \frac{a}{b} = \sum_{\nu=0}^{\nu=+\infty} \frac{2}{2\nu+1}\left(\frac{a-b}{a+b}\right)^{2\nu+1}$$

$$\lg_e a = \int_0^{1-\frac{1}{a}} \frac{dy}{1-y};$$

en développant $\frac{1}{1-y}$ en série entière en y et en intégrant terme par terme il obtient la suite convergente

$$1 - \frac{1}{a} + \frac{1}{2}\left(1-\frac{1}{a}\right)^2 + \frac{1}{3}\left(1-\frac{1}{a}\right)^3 + \cdots\cdots$$

(Note de *G. Eneström*).*

165) *J. Gregory* [Exercitationes geometricae, Londres 1668, p. 9/13] a déduit cette formule de considérations géométriques. Le procédé indiqué dans le texte est dû à *E. Halley* [Philos. Trans. London 19 (1695/7), éd. 1698, p. 62].

Pour $a = b + 1$, par ex., la formule du texte fournit une relation que l'on peut utiliser pour le calcul des logarithmes de la suite des nombres naturels.

A l'occasion d'une application numérique, *L. Euler* [Introd.[1]) 1, p. 91; trad. *J. B. Labey* 1, p. 90] montre qu'en décomposant convenablement en facteurs non entiers les nombres naturels dont on cherche les logarithmes, on peut, à l'aide de la formule du texte, obtenir assez rapidement plusieurs décimales des mantisses cherchées.

J. C. Adams [Proc. R. Soc. London 27 (1878), p. 91] a développé ce procédé d'une façon systématique.

Le procédé que *J. W. L. Glaisher* [Encyclopaedia britannica, (9e éd.) 14 Edimbourg 1882, p. 779 col. 2 (article logarithms)] désigne sous le nom de „procédé de Weddle" [The mathematician 1 (1845/7), p. 17/25 (novembre 1845)] repose, au fond, sur la même idée. Dans ce qu'il a d'essentiel, il était d'ailleurs déjà connu de *H. Briggs* [Arithmetica logarithmica[161]), Londres 1624].

qui convient bien mieux aux calculs numériques que le développement (1) de $\lg_e(1+x)$.

Il est d'ailleurs facile d'obtenir des développements encore bien plus convergents. Nous citerons, à cet égard, les formules très convergentes obtenues par *E. Halley*[166]) à la fin du 17ième siècle et celles, fort nombreuses, qui les ont complétées dans le courant du 18ième siècle[167]).

Dans la construction des „Tables du Cadastre" les logarithmes des nombres premiers ont été calculés à l'aide de la formule[168])

$$\lg_{10} x = \frac{1}{2}\lg_{10}(x+1) + \frac{1}{2}\lg_{10}(x-1) + M\sum_{\nu=0}^{\nu=+\infty}\frac{1}{2\nu+1}\left(\frac{1}{2x^2-1}\right)^{2\nu+1},$$

où

$$M = \lg_{10} e = \frac{1}{\lg_e 10}.$$

Ce nombre M joue un rôle important dans la transformation générale des logarithmes naturels en logarithmes vulgaires et inversement. On l'appelle le *module* du système de logarithmes de base 10.

Quel que soit le nombre réel positif a, on a

$$\lg_{10} a = M \lg_e a.$$

On peut calculer pratiquement une valeur approchée de M en remarquant que[169])

$$M = \frac{1}{\lg_e 2 + \lg_e 5} = \frac{1}{2,3025850929940456840179914}$$
$$= 0,4342944819032518276511289.$$

D'une façon plus générale, la relation

$$\lg_a b = \frac{\lg_e b}{\lg_e a}$$

ramène au calcul des logarithmes naturels le calcul des logarithmes dans une base quelconque.

Voir aussi l'article I 23, n° 35 et *O. Stolz*, Allg. Arith.[10]) 1, p. 316/25.

H. Schubert [Elementare Berechnung der Logarithmen, Leipzig 1903] donne deux procédés de calcul des logarithmes ne reposant pas sur l'usage de développements en série.

166) Philos. Trans. London 19 (1695/7), éd. 1698, p. 73.

167) Voir par ex. *G. S. Klügel* [Mathematisches Wörterbuch 3, Leipzig 1808, p. 556/71 (§ 146/51 de l'article Logarithmus).

168) *F. Lefort*, Ann. Observ. Paris, Mémoires 4 (1858), p. 130.

169) *J. C. Adams* [Proc. R. Soc. London 27 (1878), p. 91] a calculé M avec 260 décimales].

17. Logarithme d'un nombre complexe. Les deux procédés par lesquels *A. L. Cauchy* a obtenu [n° **15**] le développement en série de $\lg_e(1+x)$ conviennent aussi bien au cas où x est remplacé par un nombre complexe z qu'au cas où x est réel[170]). En tenant compte de ce fait, on parvient aux résultats suivants:

Le cercle de convergence de la série

$$\frac{z}{1}-\frac{z^2}{2}+\frac{z^3}{3}-\cdots+(-1)^{\nu-1}\frac{z^\nu}{\nu}+\cdots\cdot$$

170) C'est *A. L. Cauchy* [Analyse alg.[7]), p. 305; Œuvres (2) 3, p. 254] qui l'a tout d'abord démontré. Dans son „Analyse algébrique", il n'insiste d'ailleurs pas particulièrement sur l'identité de la fonction qu'il définit par la somme de la série

$$\frac{r}{1}(\cos\theta+i\sin\theta)-\frac{r^2}{2}(\cos2\theta+i\sin2\theta)+\cdots+(-1)^{\nu+1}\frac{r^\nu}{\nu}(\cos\nu\theta+i\sin\nu\theta)+\cdots\cdot$$

et de la valeur principale

$$\log_e[1+r(\cos\theta+i\sin\theta)]$$

du logarithme naturel $\lg_e[1+r(\cos\theta+i\sin\theta)]$ qu'il définit plus tard par l'inversion de la fonction exponentielle [Analyse alg.[7]), p. 312, 316; Œuvres (2) 3, p. 260, 263].

O. Schlömilch [Handbuch der algebraischen Analysis[9]), (4ᵉ éd.) Iéna 1868, p. 270/2] n'insiste pas davantage sur cette identité.

O. Stolz [Allg. Arith.[10]) 2, p. 207] ainsi que *O. Stolz* et *J. A. Gmeiner* [Funktionenth.[10]), p. 358] reproduisent, mais en supposant la variable complexe, la marche inverse suivie par *A. L. Cauchy*[162]).

Sans utiliser la formule du binome, *A. L. Cauchy* [Résumés analytiques, Turin 1833, p. 163/4; Œuvres (2) 10, Paris 1895, p. 177/9] déduit de son théorème sur les séries doubles [I 4, **16**] que l'identité

$$1+x=1+\sum_{\nu=1}^{\nu=+\infty}\frac{[\log_e(1+x)]^\nu}{\nu!}=1+\sum_{\nu=1}^{\nu=+\infty}\frac{1}{\nu!}\left[\sum_{\mu=1}^{\mu=+\infty}(-1)^{\mu+1}\frac{x^\mu}{\mu}\right]^\nu,$$

qui a lieu pour x réel (comme il résulte de la définition de $\log_e(1+x)$ et du développement en série de cette fonction établi note 160), s'étend au cas où l'on y remplace x par une variable complexe z, en sorte que pour $|z|<1$, la série

$$\frac{z}{1}-\frac{z^2}{2}+\frac{z^3}{3}-\cdots+(-1)^{\mu+1}\frac{z^\mu}{\mu}+\cdots\cdot$$

converge nécessairement vers une des déterminations de la fonction plurivoque $\log_e(1+z)$. Des considérations de continuité mettent enfin en évidence que cette détermination de $\log_e(1+z)$ ne peut être que sa valeur principale $\lg_e(1+z)$. De ce résultat *A. L. Cauchy* [Résumés analytiques, Turin 1833, p. 165; Œuvres (2) 10, Paris 1895, p. 180] déduit un procédé de sommation de la série du binome

$$1+\frac{m}{1}z+\frac{m(m-1)}{1\cdot2}z^2+\cdots+\frac{m(m-1)\cdots(m-\nu+1)}{1\cdot2\cdots\nu}z^\nu+\cdots\cdot$$

quels que soient z et m (il suppose m réel, mais on peut supposer m complexe sans rien changer à sa démonstration).

a pour centre 0 et pour rayon 1. Sur la circonférence de ce cercle, la série converge en chaque point z, sauf au point $z = -1$. En chacun des points où la série converge, sa somme est égale à la valeur principale[171])

$$\lg_e(1+z)$$

de la fonction $\log_e(1+z)$.

En séparant, dans $\lg_e(1+z)$, la partie réelle et la partie purement imaginaire et en posant (comme au n° **11**)

$$1+z = 1 + r(\cos\varphi + i\sin\varphi) = \varrho(\cos\psi + i\sin\psi),$$

on a la formule

$$\lg_e(1+z) = \lg_e\varrho + i\psi,$$

où

$$\lg_e\varrho = \lg_e\sqrt{1+2r\cos\varphi+r^2} = \frac{r\cos\varphi}{1} - \frac{r^2\cos 2\varphi}{2} + \cdots + (-1)^{\nu+1}\frac{r^\nu\cos\nu\varphi}{\nu} + \cdots\cdot$$

et

$$\psi = \operatorname{arctg}\frac{r\sin\varphi}{1+r\cos\varphi} = \frac{r\sin\varphi}{1} - \frac{r^2\sin 2\varphi}{2} + \cdots + (-1)^{\nu+1}\frac{r^\nu\sin\nu\varphi}{\nu} + \cdots\cdot$$

Fonctions circulaires et hyperboliques. Fonctions inverses.

18. Les fonctions $\sin x$ **et** $\cos x$. De la formule [n° **12**]

$$e^{ix} = \cos x + i\sin x,$$

que l'on peut écrire aussi, en changeant i en $-i$,

$$e^{-ix} = \cos x - i\sin x,$$

on déduit immédiatement que l'on a

$$(1)\qquad \begin{cases} \cos x = \dfrac{e^{ix}+e^{-ix}}{2}, \\ \sin x = \dfrac{e^{ix}-e^{-ix}}{2i}. \end{cases}$$

De la même formule on déduit aussi que l'on a, quels que soient les nombres réels x et n,

$$(2)\qquad (\cos x + i\sin x)^n = \cos nx + i\sin nx;$$

c'est la *formule de Moivre*[172]).

---

171) On peut encore définir la fonction infinivoque $\log_e(1+z)$ en „continuant“ la fonction définie par la somme de la série

$$\frac{z}{1} - \frac{z^2}{2} + \frac{z^3}{3} - \cdots + (-1)^{\nu-1}\frac{z^\nu}{\nu} + \cdots\cdot$$

Voir à ce sujet *J. Thomae* [Analyt. Funct.[10]), (1re éd.) p. 62/6], *H. Burkhardt* [Analyt. Funct.[137]), (2e éd.) p. 159/66].

172) *A. de Moivre* [Philos. Trans. London 25 (1706/7), p. 2368/71, [1707], id. 32 (1722/3), p. 228/30; Misc. analyt.[71]), p. 1] donne une formule entièrement

L. Euler à qui sont dues les formules (1) [cf. note 136] semble avoir été d'abord frappé par la concordance des développements en série entière des deux fonctions $2 \cos x$ et $e^{ix} + e^{-ix}$.

Dans un mémoire de *L. Euler*[173]) on rencontre aussi une formule équivalente dont la démonstration[174]), quand on ne l'envisage qu'au point vue de formel, a quelque ressemblance avec celle donnée plus tard par *A. L. Cauchy*[175]); elle en diffère cependant par l'ordre dans lequel on passe aux limites[176]).

équivalente à la formule (2). Cf. *A. von Braunmühl*, Bibl. math. (3) 2 (1901), p. 97/102.

173) Misc. Berolin. 7 (1743), p. 177.

174) Introd.[1]) 1, p. 98 et suiv.; trad. *J. B. Labey* 1, p. 97 et suiv.

L. Euler part des formules (équivalentes à la formule de Moivre)

$$2 \cos nx = (\cos x + i \sin x)^n + (\cos x - i \sin x)^n,$$
$$2 i \sin nx = (\cos x - i \sin x)^n - (\cos x - i \sin x)^n;$$

il développe les seconds membres, puis il suppose que n tende vers l'infini de façon que le produit nx reste fini, et en utilisant, comme l'a fait ensuite *A. L. Cauchy*, les relations

$$\lim_{x=0} \frac{\sin x}{x} = 1, \qquad \lim_{x=0} \cos x = 1,$$

il parvient aux formules (3) et par suite aux formules (1).

175) Analyse alg.[2]) p. 300; Œuvres (2) 3, p. 250.

176) Partant de cette idée que toute l'analyse doit être construite sans faire appel à aucune notion spatiale, certains auteurs n'admettent pas que pour établir des relations telles que (1) on s'appuie sur les formules de trigonométrie élémentaire démontrées à l'aide de considérations géométriques. Parmi les fonctions transcendantes entières d'une variable complexe z, ils envisagent les deux fonctions $\cos z$ et $\sin z$ définies, quel que soit z, par les expressions

$$\cos z = \sum_{\nu=0}^{\nu=+\infty} \frac{(-1)^\nu z^{2\nu}}{(2\nu)!}, \qquad \sin z = \sum_{\nu=0}^{\nu=+\infty} \frac{(-1)^\nu z^{2\nu+1}}{(2\nu+1)!},$$

et déduisent de cette définition les propriétés fondamentales de chacune de ces deux fonctions, entre autres deux équations fonctionnelles que l'on démontre être caractéristiques de ces deux fonctions. L'identité de ces fonctions et de celles qui sont désignées par les mêmes symboles en trigonométrie élémentaire résulte alors, dans le cas où z est un nombre réel x, de ce que ces équations caractéristiques sont identiques aux formules d'addition des fonctions $\cos x$ et $\sin x$ de la trigonométrie [Voir à ce sujet *J. Thomae*, Analyt. Funct.[10]), (1re éd.) p. 55; la dimidiation sur laquelle repose finalement tout le raisonnement de *J. Thomae* est déjà étudiée par *A. L. Cauchy*, Analyse alg.[2]), p. 113 et suiv.; Œuvres (2) 3, p. 106 et suiv.]. Cf. *J. Tannery* [Introd.[10]), (1re éd.) Paris 1886, p. 146/52].

On peut aussi, à ce sujet, consulter les indications données par *J. Jack* [Proc. Edinb. math. Soc. 13 (1894/5), p. 132/5] sur la façon dont on déduit les fonctions trigonométriques (et les fonctions inverses) des théorèmes d'addition.

Si, dans les formules (1), on remplace e^{ix} et e^{-ix} par les sommes de séries [n° **12**]

$$e^{ix} = \sum_{\nu=0}^{\nu=+\infty} \frac{i^\nu x^\nu}{\nu!},$$

$$e^{-ix} = \sum_{\nu=0}^{\nu=+\infty} (-1)^\nu \frac{i^\nu x^\nu}{\nu!},$$

on a aussi[177])

$$(3)\qquad \begin{cases} \cos x = \displaystyle\sum_{\nu=0}^{\nu=+\infty} (-1)^\nu \frac{x^{2\nu}}{2\nu!}, \\ \sin x = \displaystyle\sum_{\nu=0}^{\nu=+\infty} (-1)^\nu \frac{x^{2\nu+1}}{(2\nu+1)!}. \end{cases}$$

Les séries

$$1 - \frac{x^2}{2!} + \frac{x^4}{4!} - \cdots + (-1)^\nu \frac{x^{2\nu}}{(2\nu)!} + \cdots\cdots,$$

$$\frac{x}{1} - \frac{x^3}{3!} + \frac{x^5}{5!} \cdots\cdots + (-1)^\nu \frac{x^{2\nu+1}}{(2\nu+1)!} + \cdots\cdots,$$

qui, pour x réel, ont pour sommes cos x et sin x, sont encore convergentes quand on y remplace x par un nombre complexe (fini) quelconque z. On peut donc définir, pour toute valeur de z, deux fonctions de z par les sommes de ces deux séries; on désignera ces deux fonctions par cos z et sin z, en sorte que[178])

$$(4)\qquad \begin{cases} \cos z = \displaystyle\sum_{\nu=0}^{\nu=+\infty} (-1)^\nu \frac{z^{2\nu}}{(2\nu)!} = \frac{e^{iz} + e^{-iz}}{2}, \\ \sin z = \displaystyle\sum_{\nu=0}^{\nu=+\infty} (-1)^\nu \frac{z^{2\nu+1}}{(2\nu+1)!} = \frac{e^{iz} - e^{-iz}}{2i}. \end{cases}$$

La fonction[179]) cos z est une fonction paire de z, la fonction sin z est une fonction impaire de z: on a

$$(5)\qquad \begin{cases} \cos(-z) = \cos z, \\ \sin(-z) = -\sin z. \end{cases}$$

Le même point de vue joue un rôle essentiel en mécanique rationnelle, dans les recherches concernant le théorème du parallélogramme des forces.

177) Les développements de sin x et cos x sont dus à *I. Newton* [De analysi[64]), Londres 1711; Opuscula 1, p. 22; Opera, éd. *S. Horsley* 1, p. 259].

178) *L. Euler*, Hist. Acad. Berlin 5 (1749), éd. 1751, p. 279; *A. L. Cauchy*, Analyse alg.[2]), p. 311; Œuvres (2) 3, p. 258.

179) Sur la distribution des valeurs de cos z et de sin z dans le plan de la variable complexe z, voir *J. Thomae*, Analyt. Funct.[10]), (1re éd.) p. 61; (2e éd.) p. 88; *H. Burkhardt*, Analyt. Functionenth., (3e éd.) Leipzig 1908, p. 140.

Les théorèmes d'addition subsistent; quels que soient z_1 et z_2 on a

$$(6)\qquad \begin{cases} \cos(z_1 + z_2) = \cos z_1 \cos z_2 - \sin z_1 \sin z_2, \\ \sin(z_1 + z_2) = \sin z_1 \cos z_2 + \sin z_2 \cos z_1. \end{cases}$$

Toutes les formules déduites des théorèmes d'addition subsistent. La périodicité subsiste

$$(7)\qquad \begin{cases} \cos(z + 2\pi) = \cos z \\ \sin(z + 2\pi) = \sin z. \end{cases}$$

La formule de Moivre[180]) subsiste. On a

$$(8)\qquad (\cos z + i \sin z)^n = \cos nz + i \sin nz$$

quels que soient les nombres complexes z et n. Il faut toutefois observer que, pour n réel non entier aussi bien que pour n imaginaire, ce n'est qu'*une* valeur déterminée de la puissance $n^{\text{ième}}$ de

$$\cos z + i \sin z$$

qui figure dans le second membre de la formule de Moivre.

Enfin l'on a aussi, quel que soit z,

$$(9)\qquad \sin^2 z + \cos^2 z = 1.$$

Si l'on développe suivant la formule du binome, pour n entier positif, les puissances

$$(\cos z + i \sin z)^n, \qquad (\cos z - i \sin z)^n$$

et que l'on égale ces développements aux expressions égales respectivement

$$\cos nz + i \sin nz, \qquad \cos nz - i \sin nz,$$

on obtient aisément, en tenant compte de la formule (9), les relations suivantes[181])

180) C'est *A. L. Cauchy* [Exercices d'Analyse et de phys. math. 4, Paris 1847, p. 279] qui a montré que la formule de Moivre[172]) s'étend aux quantités complexes.

181) Les relations (11) et (12) et des relations analogues aux formules (10) et (13), où dans les seconds membres figureraient des puissances de $\cos z$, sont données pour la première fois sans démonstration par *F. Viète*, dans un écrit publié en 1595 [Ad problema quod . . . proposuit A. Romanus responsum; Opera, éd. *F. van Schooten*, Leyde 1646, p. 318/9]; ces mêmes relations se retrouvent aussi dans un mémoire „Ad angulares sectiones theoremata", écrit avant 1591, mais qui n'a été publié qu'en 1615 (à Paris) par *A. Anderson*; ce dernier y a ajouté des démonstrations [*F. Viète*, Opera, éd. *F. van Schooten*, Leyde 1646, p. 295, 297, 299]. *F. Viète* donne les relations (11) et (12) sous une forme géométrique pour z réel et pour n entier positif $\leqq 10$, implicitement même pour $n \leqq 21$; il donne aussi une méthode permettant de calculer les coefficients.

pour n pair > 2

(10) $\sin nz =$

$$\cos z\left[n\sin z+\sum_{\nu=1}^{\nu=\frac{n-2}{2}}(-1)^{\nu}\frac{n(n^2-2^2)(n^2-4^2)\cdots(n^2-\overline{2\nu}^2)}{(2\nu+1)!}\sin^{2\nu+1}z\right],$$

$$(11)\quad \cos nz = 1+\sum_{\nu=1}^{\nu=\frac{n}{2}}(-1)^{\nu}\frac{n^2(n^2-2^2)(n^2-4^2)\cdots(n^2-\overline{2\nu-2}^2)}{(2\nu)!}\sin^{2\nu}z;$$

pour n impair > 1

$$(12)\quad \sin nz = n\sin z+\sum_{\nu=1}^{\nu=\frac{n-1}{2}}(-1)^{\nu}\frac{n(n^2-1)(n^2-3^2)\cdots(n^2-\overline{2\nu-1}^2)}{(2\nu+1)!}\sin^{2\nu+1}z,$$

$$(13)\quad \cos nz = \cos z\left[1+\sum_{\nu=1}^{\nu=\frac{n-1}{2}}(-1)^{\nu}\frac{(n^2-1)(n^2-3^2)\cdots(n^2-\overline{2\nu-1}^2)}{(2\nu)!}\sin^{2\nu}z\right].$$

Si dans ces formules on change z en $\frac{\pi}{2}-z$, on obtient pour $\sin nz$ et $\cos nz$ des formules dans lesquelles les puissances de $\sin z$ sont remplacées par des puissances de $\cos z$[182]).

Dans le cas d'une variable réelle, la formule (12) est implicitement contenue dans le développement en série de $\sin nx$ obtenu par *I. Newton* [lettre à *H. Oldenbourg*, datée du 13 juin 1676 (epistola prior); Opuscula[102]) 1, Opusc. X, p. 315; Opera éd. *S. Horsley* 4, p. 527] pour n réel quelconque; ce développement en série est obtenu par *I. Newton* à l'aide d'une inversion de série qui n'en donne pas une véritable démonstration [cf. note 185]. *I. Newton* mentionne la formule correspondant au cas où n est entier positif quelconque comme une formule connue de ses contemporains. *Cf. *J. Wallis*, A treatise of angular sections, Londres 1684, p. 47/9; Opera 2, Oxford 1693, p. 573/5.*

182) *L. Euler* [Introd.[1]) 1, p. 98; trad. *J. B. Labey* 1, p. 97] applique aussi la formule de Moivre (2) au développement de $\cos nx$ et $\sin nx$ en séries:

$$\cos^n x-\frac{n(n-1)}{2}\cos^{n-2}x\sin^2x+\frac{n(n-1)(n-2)(n-3)}{4!}\cos^{n-4}x\sin^4x+\cdots\cdots,$$

$$\frac{n}{1}\cos^{n-1}x\sin x-\frac{n(n-1)(n-2)}{3!}\cos^{n-3}x\sin^3x+\cdots\cdots$$

Du théorème d'addition il déduit la relation (12) [Introd.[1]) 1, p. 199/200; trad. *J. B. Labey* 1, p. 189] d'abord pour $n = 3, 5, 7, 9$, puis, par induction, pour n impair positif quelconque; et de même [Introd.[1]) 1, p. 202/3; trad. *J. B. Labey* 1, p. 191/2] la formule (10) d'abord pour $n = 2, 4, 6, 8$, puis, par induction, pour n pair positif quelconque. Par la même méthode [Introd.[1]) 1, p. 198/9, 206; trad. *J. B. Labey* 1, p. 188/9, 194/5] il obtient des formules analogues aux formules (11) et (13) où figurent les puissances de $\cos x$ au lieu de celles de $\sin x$.

*On peut encore[183]) exprimer $\sin nz$ et $\cos nz$ par les deux formules suivantes, valables à la fois pour n pair ou n impair:

$$(14)\quad \frac{\sin nz}{\sin z} = 2^{n-1}\cos^{n-1}z - \frac{n-2}{1}2^{n-3}\cos^{n-3}z + \frac{(n-3)(n-4)}{1\cdot 2}2^{n-5}\cos^{n-5}z + \cdots$$
$$+ (-1)^k\frac{(n-k-1)(n-k-2)\cdots(n-2k)}{k!}2^{n-2k-1}\cos^{n-2k-1}z + \cdots\cdots,$$

$$(15)\quad \cos nz = 2^{n-1}\cos^n z - \frac{n}{1}2^{n-3}\cos^{n-2}z + \frac{n(n-3)}{1\cdot 2}2^{n-5}\cos^{n-4}z + \cdots$$
$$+ (-1)^k\frac{n(n-k-1)(n-k-2)\cdots(n-2k+1)}{k!}2^{n-2k-1}\cos^{n-2k}z + \cdots\cdots$$

Les seconds membres y sont ordonnés suivant les puissances décroissantes de $\cos z$.*

Les zéros des fonctions rationnelles entières en $\sin z$ qui figurent dans les seconds membres des relations (10), (11), (12), (13) sont connus puisque l'on connaît les zéros de $\sin nz$ et de $\cos nz$. Il en résulte que l'on a, en supposant toujours n entier positif, les relations[184]):

pour n pair

$$(16)\qquad \sin nz = n \sin z \cos z \prod_{\nu=1}^{\nu=\frac{n-2}{2}}\left[1 - \frac{\sin^2 z}{\sin^2 \frac{2\nu\pi}{n}}\right],$$

$$(17)\qquad \cos nz = \prod_{\nu=1}^{\nu=\frac{n}{2}}\left[1 - \frac{\sin^2 z}{\sin^2 \frac{(2\nu-1)\pi}{2n}}\right];$$

Le procédé de *L. Euler* a été simplifié par *J. L. Lagrange* [Leçons sur le calcul des fonctions professées à l'Ecole polytechnique en l'an VII; (1re éd.) Séances des Ecoles normales 10, Paris an IX, leçons 10 et 11; réimpr. J. Ec. polyt. (1) cah. 12, an XII, p. 89/95; (2e éd.) Paris 1806, p. 117/50; Œuvres 10, Paris 1884, p. 113/9] qui, outre les formules (10), (11), (12), (13), donne aussi les formules (14) et (15). Des procédés reposant sur les formules d'addition (6) ont été donnés par *O. Schlömilch* [Handbuch der algebraischen Analysis[9]), (4e éd.) Iéna 1868, p. 185] et *K. Hattendorff* [Alg. Analysis[100]), p. 122]. Voir aussi le procédé dont *J. A. Serret* [Alg. sup.[48]), (6e éd.) 1, p. 237/42] a fait usage pour établir les formules (14) et (15).

183) *Cf. *A. L. Cauchy*, Analyse alg.[2]), p. 230; Œuvres (2) 3, p. 196.*

184) *L. Euler*, Introd.[1]) 1, p. 120/1; trad. *J. B. Labey* 1, p. 119.

En comparant les fonctions symétriques des zéros de $\sin nx$ ou $\cos nx$ aux coefficients des polynomes en $\sin x$ qui figurent dans les formules (10), (11), (12), (13), *L. Euler* obtient un grand nombre de relations intéressantes. Voir aussi à ce sujet, *A. L. Cauchy*, Analyse alg.[2]), p. 556; Œuvres (2) 3, p. 454/5.

G. Eisenstein [J. reine angew. Math. 29 (1845), p. 122] donne une démonstration très élégante de la loi de réciprocité des restes quadratiques en s'appuyant sur les formules (12) et (16).

pour n impair

$$(18)\qquad \sin nz = n \sin z \prod_{\nu=1}^{\nu=\frac{n-1}{2}} \left[1 - \frac{\sin^2 z}{\sin^2 \frac{2\nu\pi}{n}}\right],$$

$$(19)\qquad \cos nz = \cos z \prod_{\nu=1}^{\nu=\frac{n-1}{2}} \left[1 - \frac{\sin^2 z}{\sin^2 \frac{(2\nu-1)\pi}{2n}}\right].$$

Pour n complexe quelconque, on a[185]) des formules plus générales que les formules (10), (11), (12), (13), à savoir:

pour $|\sin z| \leq 1$, quel que soit n,

$$(20)\qquad \sin nz = n \sin z + \sum_{\nu=1}^{\nu=+\infty} (-1)^\nu \frac{n(n^2-1^2)\cdots(n^2-\overline{2\nu-1}^2)}{(2\nu+1)!} \sin^{2\nu+1} z,$$

$$(21)\qquad \cos nz = 1 + \sum_{\nu=1}^{\nu=+\infty} (-1)^\nu \frac{n^2(n^2-2^2)\cdots(n^2-\overline{2\nu-2}^2)}{(2\nu)!} \sin^{2\nu} z;$$

---

185) *A. L. Cauchy* [Analyse alg.[2]), p. 548; Œuvres (2) 3, p. 449] donne une démonstration incomplète de ce théorème, en n'envisageant d'ailleurs que le cas des variables réelles. Dans *O. Schlömilch* [Handbuch der algebraischen Analysis, (4e éd.) Iéna 1868, p. 263] la démonstration est tout à fait insuffisante; dans *K. Hattendorff* [Algebraische Analysis, p. 128, 189] elle est exacte mais extrêmement compliquée.

Avant *A. L. Cauchy*, on admettait comme *évidente* la possibilité de l'extension des formules (10), (11), (12), (13) au cas où n est un nombre réel quelconque, à condition d'y remplacer les polynomes par les séries correspondantes. Voir, par exemple, *I. Newton*, lettre à *H. Oldenbourg* datée du 13 juin 1676 (epistola prior); Opuscula[102]) 1, (Opusc. X), p. 315; Opera, éd. *S. Horsley* 4, p. 527.

Elles sont démontrées rigoureusement, et en faisant usage de procédés élémentaires, par *J. Thomae* [Analyt. Funct.[10]), (1re éd.) p. 106; (2e éd.) p. 136], par *O. Stolz* [Allg. Arith.[10]) 2, p. 221/4] ainsi que par *O. Stolz* et *J. A. Gmeiner* [Funktionenth.[10]), p. 382]. Autre démonstration due à *K. Weierstrass* [J. reine angew. Math. 51 (1856), p. 59; Werke 1, Berlin 1894, p. 219]. *C. Runge* [Z. Math. Phys. 46 (1901), p. 230] établit à l'aide du calcul des différences finies une formule équivalente à la formule (22).

Pour déterminer le rayon de convergence des séries envisagées il est commode d'appliquer le critère de convergence de *K. Weierstrass* [I 6, 3 et 4].

Plusieurs formules ont été données comme nouvelles par *E. A. A. David* [Bull. Soc. math. France 11 (1882/3), p. 72] mais il est facile de voir qu'il n'en est rien. Ainsi *E. E. David* remarque que la série

$$1 - \frac{4x^2}{2!\,\pi^2} + \frac{4x^2(4x^2-2^2\pi^2)}{4!\,\pi^4} - \frac{4x^2(4x^2-2^2\pi^2)(4x^2-4^2\pi^2)}{6!\,\pi^6} + \cdots,$$

converge vers $\cos x$; or ce développement de $\cos x$ est donné par la formule (21) pour $z = \frac{\pi}{2}$ et $n = \frac{2x}{\pi}$.

pour $|\sin z| \leqq 1$, sauf pour $z = \pm \frac{\pi}{2}$, quel que soit n:

$$(22)\quad \sin nz = \cos z \left[n \sin z + \sum_{\nu=1}^{\nu=+\infty} (-1)^{\nu} \frac{n(n^2-2^2)\cdots(n^2-\overline{2\nu}^2)}{(2\nu+1)!} \sin^{2\nu+1} z \right],$$

$$(23)\quad \cos nz = \cos z \left[1 + \sum_{\nu=1}^{\nu=+\infty} (-1)^{\nu} \frac{(n^2-1^2)\cdots(n^2-\overline{2\nu-1}^2)}{(2\nu)!} \sin^{2\nu} z \right].$$

La résolution des équations (10), (11), (12) et (13) fournit à *L. Euler*[186]) les expressions des puissances de $\sin z$ et de $\cos z$, au moyen des sinus et des cosinus des multiples de z.

*Quoique ces formules se déduisent immédiatement de la formule du binome, nous les donnerons ici explicitement en raison de l'usage fréquent que l'on en fait dans les applications du calcul intégral.

Si n est impair, $n = 2p + 1$, on a

$$(24)\quad 2^{n-1}\cos^n z = \cos nz + n_1 \cos(n-2)z + n_2 \cos(n-4)z + \cdots + n_p \cos z.$$

Si n est pair, $n = 2p$, on a

$$(25)\quad 2^{n-1}\cos^n z = \cos nz + n_1 \cos(n-2)z + n_2 \cos(n-4)z + \cdots + n_p \cdot \tfrac{1}{2}.$$

Pour n **impair,** on a:

si $n = 4q + 1$,

$$(26)\quad 2^{n-1}\sin^n z = \sin nz - n_1 \sin(n-2)z + n_2 \sin(n-4)z + \cdots - n_{2q} \sin z,$$

si $n = 4q - 1$,

$$(27)\quad -2^{n-1}\sin^n z = \sin nz - n_1 \sin(n-2)z + n_2 \sin(n-4)z + \cdots + n_{2q-1} \sin z.$$

Pour n **pair,** on a:

si $n = 2p$ **et** $p = 2q + 1$,

$$(28)\quad -2^{n-1}\sin^n z = \cos nz - n_1 \cos(n-2)z + n_2 \cos(n-4)z - \cdots - n_p \cdot \tfrac{1}{2},$$

si $n = 2p$ **et** $p = 2q$,

$$(29)\quad 2^{n-1}\sin^n z = \cos nz - n_1 \cos(n-2)z + n_2 \cos(n-4)z + \cdots + n_p \cdot \tfrac{1}{2},$$

où $n_1, n_2, \ldots$ sont les coefficients binomiaux

$$n_\nu = \frac{n(n-1)\cdots(n-\nu+1)}{1\cdot 2\cdots \nu}.*$$

N. H. Abel[187]) a donné des expressions des puissances $\sin^n x$, $\cos^n x$, en séries ordonnées suivant les sinus et les cosinus des multiples de la variable réelle x, qui conviennent quel que soit le nombre *réel n*. *Quand n est positif ces formules ont lieu quel que soit x; quand n est négatif certaines valeurs de x sont exceptées.*

186) Introd.[1]) 1, p. 220; trad. *J. B. Labey* 1, p. 205; Novi Comm. Acad. Petrop. 5 (1754/5), éd. 1760, p. 169, 172 [1753].

187) *N. H. Abel*[8]) [J. reine angew. Math. 1 (1826), p. 338; Œuvres, éd. *L. Sylow* et *S. Lie* 1, p. 249].

Les fonctions circulaires tg x, cot x, séc x, cosèc x, définies géométriquement en trigonométrie élémentaire, sont liées aux fonctions sin x et cos x par les relations

$$\operatorname{tg} x = \frac{\sin x}{\cos x}, \qquad \cot x = \frac{\cos x}{\sin x}, \qquad \operatorname{séc} x = \frac{1}{\cos x}, \qquad \operatorname{coséc} x = \frac{1}{\sin x},$$

qui ont lieu quel que soit x réel.

Ce sont ces mêmes relations qui, pour z complexe, servent à *définir* les fonctions

$$\operatorname{tg} z = \frac{\sin z}{\cos z} = \frac{1}{i} \frac{e^{iz} - e^{-iz}}{e^{iz} + e^{-iz}},$$

$$\cot z = \frac{\cos z}{\sin z} = i \frac{e^{iz} + e^{-iz}}{e^{iz} - e^{-iz}},$$

$$\operatorname{séc} z = \frac{1}{\cos z} = \frac{2}{e^{iz} + e^{-iz}},$$

$$\operatorname{coséc} z = \frac{1}{\sin z} = \frac{2i}{e^{iz} - e^{-iz}}.$$

Les notations *séc* et *coséc* sont de moins en moins usitées. *Elles rendent cependant de grands services dans les calculs que l'on a à effectuer dans les sciences appliquées.*

On faisait autrefois souvent usage des notations

sinus versus x ou siv x pour $1 - \cos x$,

cosinus versus x ou cosiv x pour $1 - \sin x$;

mais ces notations sont tombées en désuétude.

19. Fonctions hyperboliques. *Parallèlement aux fonctions circulaires, on peut envisager les fonctions

$$\text{(1)} \qquad \operatorname{sh} z = \frac{\sin iz}{i} = \frac{e^{z} - e^{-z}}{2} = \sum_{\nu=0}^{\nu=+\infty} \frac{z^{2\nu+1}}{(2\nu+1)!},$$

$$\text{(2)} \qquad \operatorname{ch} z = \cos iz = \frac{e^{z} + e^{-z}}{2} = 1 + \sum_{\nu=1}^{\nu=+\infty} \frac{z^{2\nu}}{(2\nu)!},$$

que *V. Riccati*[188]) a introduites, dans le cas des variables réelles[189]), sous le nom de *fonctions hyperboliques*[190]).*

188) Opuscula ad res physicas et mathematicas pertinentia 1, Bologne 1757, p. 70.

189) *Si l'on rapporte à ses axes $O\xi$, $O\eta$ une *hyperbole équilatère* dont le demi-axe est pris pour unité

$$\xi^2 - \eta^2 = 1$$

et si l'on désigne par x le double de l'aire du secteur hyperbolique compris entre l'axe des abscisses et un vecteur OM allant de O à un point quelconque

*C'est d'ailleurs dans ce cas qu'on les envisage presque exclusivement. Pour l'uniformité des notations, nous écrirons toutefois ici les formules qui les concernent pour le cas de variables complexes $z = x + iy$.

Il est presque inutile d'observer que dans la théorie des fonctions d'une variable complexe l'introduction de ces fonctions est inutile; on pourrait d'ailleurs introduire, aussi bien, quantité d'autres combinaisons simples des fonctions élémentaires que précisément celles-là. Mais, dans les applications où il s'agit de variables réelles, elles rendent souvent de réels services d'ordre pratique.*

*La fonction

$$\operatorname{ch} z = \operatorname{ch}(-z)$$

est paire; la fonction

$$\operatorname{sh} z = -\operatorname{sh}(-z)$$

est impaire; toutes deux sont périodiques, la période étant $2i\pi$:

$$\operatorname{sh}(z + 2i\pi) = \operatorname{sh} z, \qquad \operatorname{ch}(z + 2i\pi) = \operatorname{ch} z.$$

On établit immédiatement la formule

$$\operatorname{ch}^2 z - \operatorname{sh}^2 z = 1 \tag{3}$$

M de l'hyperbole, on a

$$\xi_M = \operatorname{ch} x; \qquad \eta_M = \operatorname{sh} x.$$

Si d'autre part, on appelle φ l'angle que fait avec Ox le vecteur ON allant de O au point N, projection de M sur la tangente à l'hyperbole au sommet de la branche à laquelle appartient le point M, on a

$$\xi_M = \operatorname{séc} \varphi, \qquad \eta_M = \operatorname{tg} \varphi.$$

On en déduit les relations suivantes qui font correspondre à chaque fonction circulaire de φ une fonction hyperbolique de x

$$\operatorname{sh} x = \operatorname{tg} \varphi, \qquad \operatorname{ch} x = \operatorname{séc} \varphi, \qquad \operatorname{th} x = \sin \varphi.$$

φ est l'*amplitude hyperbolique de l'argument* x et se désigne par $\operatorname{amh} x$. Cette dénomination a été proposée par *G. J. Hoüel* [Nouv. Ann. math. (2) 3 (1864), p. 416 et suiv.; Recueil de formules et de tables numériques, (3e éd.) Paris 1885 (nouveau tirage Paris 1901), Introd. p. XVIII].

Chr. Gudermann appelle φ „la longitude" de x et, au lieu de φ, écrit lx; pour désigner φ, *J. H. Lambert*[190]) se sert de la locution „angle transcendant" et, d'après lui, *M. Mossotti* et *A. Forti* nomment φ l'*angle transcendant* correspondant au double secteur hyperbolique x.*

190) *Voir à ce sujet *C. A. Laisant*, Essai sur les fonctions hyperboliques, Paris 1874; Mém. Soc. sc. phys. nat. Bordeaux (1) 10 (1875), p. 235/328; *S. Günther*, Die Lehre von den gewöhnlichen und verallgemeinerten Hyperbelfunktionen, Halle 1881; *J. H. Lambert*, Zusätze zu den logarithmischen und trigonometrischen Tabellen, Berlin 1770, p. 176/82 (tables XXXII et XXXIII); *Chr. Gudermann*, dans plusieurs mémoires contenus dans les tomes 6 à 9 du Journal für reine und angewandte Mathematik (1830/2); *G. J. Hoüel*, Recueil de formules et de tables numériques[189]), (3e éd.), Introd. p. XXX; table XIV.*

et les formules correspondant à celles d'Euler et de Moivre,

(4) $$\operatorname{ch} z + \operatorname{sh} z = e^z,$$

(5) $$\operatorname{ch} z - \operatorname{sh} z = e^{-z},$$

(6) $$(\operatorname{ch} z + \operatorname{sh} z)^n = \operatorname{ch} nz + \operatorname{sh} nz,$$

(7) $$(\operatorname{ch} z - \operatorname{sh} z)^n = \operatorname{ch} nz - \operatorname{sh} nz,$$

ainsi que les formules d'addition

(8) $$\operatorname{sh}(z_1 + z_2) = \operatorname{sh} z_1 \operatorname{ch} z_2 + \operatorname{ch} z_1 \operatorname{sh} z_2,$$

(9) $$\operatorname{ch}(z_1 + z_2) = \operatorname{ch} z_1 \operatorname{ch} z_2 + \operatorname{sh} z_1 \operatorname{sh} z_2.^*$$

*Des formules (6) et (7) on déduit les formules de multiplication

$$\operatorname{ch} nz = \tfrac{1}{2}[(\operatorname{ch} z + \operatorname{sh} z)^n + (\operatorname{ch} z - \operatorname{sh} z)^n],$$
$$\operatorname{sh} nz = \tfrac{1}{2}[(\operatorname{ch} z + \operatorname{sh} z)^n - (\operatorname{ch} z - \operatorname{sh} z)^n]$$

qui, développées, s'écrivent

(10) $$\operatorname{ch} nz = \operatorname{ch}^n z + \tfrac{1}{2}n(n-1)\operatorname{ch}^{n-2} z \operatorname{sh}^2 z + \cdots,$$

(11) $$\operatorname{sh} nz = n \operatorname{ch}^{n-1} z \operatorname{sh} z + \tfrac{1}{6}n(n-1)(n-2)\operatorname{ch}^{n-3} z \operatorname{sh}^3 z + \cdots$$

Les fonctions ch nz et sh nz peuvent aussi s'exprimer par les formules

(13) $$\operatorname{ch} nz = 1 + \frac{n^2}{2!}\operatorname{sh}^2 z + \frac{n^2(n^2-2^2)}{4!}\operatorname{sh}^4 z + \frac{n^2(n^2-2^2)(n^2-4^2)}{6!}\operatorname{sh}^6 z + \cdots\cdots,$$

(14) $$\operatorname{sh} nz = n \operatorname{sh} z + \frac{n(n^2-1)}{3!}\operatorname{sh}^3 z + \frac{n(n^2-1)(n^2-3^2)}{5!}\operatorname{sh}^5 z + \cdots\cdots,$$

déduites des formules similaires pour cos nz et sin nz.

Les formules

$$\sin z = \sin(x+iy) = \sin x \operatorname{ch} y + i \cos x \operatorname{sh} y,$$
$$\cos z = \cos(x+iy) = \cos x \operatorname{ch} y - i \sin x \operatorname{sh} y,$$
$$\operatorname{sh} z = \operatorname{sh}(x+iy) = \operatorname{sh} x \cos y + i \operatorname{ch} x \sin y,$$
$$\operatorname{ch} z = \operatorname{ch}(x+iy) = \operatorname{ch} x \cos y + i \operatorname{sh} x \sin y,$$

déduites des formules d'addition, fournissent immédiatement la partie réelle et la partie purement imaginaire de sin z, cos z, sh z, ch z.

Aux fonctions sh z, ch z s'adjoignent les fonctions

$$\operatorname{th} z = \frac{\operatorname{sh} z}{\operatorname{ch} z} = \frac{e^z - e^{-z}}{e^z + e^{-z}} = \frac{1}{i}\operatorname{tg} iz,$$

$$\operatorname{coth} z = \frac{1}{\operatorname{th} z} = i \cot iz,$$

$$\operatorname{séch} z = \frac{1}{\operatorname{ch} z} = \operatorname{séc} iz,$$

$$\operatorname{coséch} z = \frac{1}{\operatorname{séch} z} = i \operatorname{cosé c} iz.^*$$

*La fonction th z est impaire, et périodique (la période étant $i\pi$):

$$\operatorname{th} z = -\operatorname{th}(-z), \qquad \operatorname{th}(z + i\pi) = \operatorname{th} z.$$

Les fonctions sh z et ch z s'expriment au moyen de la fonction th z par les relations

$$\operatorname{sh}^2 z = \frac{\operatorname{th}^2 z}{1 - \operatorname{th}^2 z},$$

$$\operatorname{ch}^2 z = \frac{1}{1 - \operatorname{th}^2 z}.$$

On établit immédiatement la formule d'addition

$$\operatorname{th}(z_1 + z_2) = \frac{\operatorname{th} z_1 + \operatorname{th} z_2}{1 + \operatorname{th} z_1 \operatorname{th} z_2}.$$

La formule[191])

$$\operatorname{tg} z = \operatorname{tg}(x + iy) = \frac{\sin 2x}{\cos 2x + \operatorname{ch} 2y} + i\,\frac{\operatorname{sh} 2y}{\cos 2x + \operatorname{ch} 2y}$$

fournit la partie réelle et la partie purement imaginaire de l'expression $\operatorname{tg}(x + iy)$.

De même la partie réelle et la partie purement imaginaire de th z sont mises en évidence par la formule

$$\operatorname{th} z = \frac{\operatorname{th} x \operatorname{séc}^2 y}{1 + \operatorname{tg}^2 y \operatorname{th}^2 x} + i\,\frac{\operatorname{tg} y \operatorname{séch}^2 x}{1 + \operatorname{tg}^2 y \operatorname{th}^2 x}.*$$

20. La fonction Arc tg z. Quel que soit le nombre complexe z, on appelle

$$\operatorname{Arc\,tg} z$$

la solution la plus générale de l'équation en u

$$z = \operatorname{tg} u = \frac{1}{i}\,\frac{e^{iu} - e^{-iu}}{e^{iu} + e^{-iu}}.$$

De cette équation on déduit d'ailleurs que l'on a

$$e^{2iu} = \frac{1 + iz}{1 - iz},$$

de sorte que[192])

$$2iu = \log_e \frac{1 + iz}{1 - iz};$$

---

191) *L. Euler,* Hist. Acad. Berlin 5 (1749), éd. 1751, p. 286.

192) *En partant de l'identité

$$\frac{1}{b^2 + z^2} = \frac{1}{2b^2 + 2bz\sqrt{-1}} + \frac{1}{2b^2 - 2bz\sqrt{-1}},$$

Jean Bernoulli [Hist. Acad. sc. Paris 1702, éd. 1704, M. p. 297 (édition de 1720, p. 305); Opera 1, Lausanne et Genève 1742, p. 399] a mis en évidence sans indiquer expressément la formule (on n'avait alors aucun symbole pour arctg z)

il en résulte que la fonction Arc tg z est une fonction infinivoque de z

$$\text{Arc tg } z = \frac{i}{2} \log_e \frac{1 - iz}{1 + iz}.$$

Si z_1 et z_2 sont deux nombres complexes quelconques, on a la formule d'addition

$$\text{Arc tg } z_1 + \text{Arc tg } z_2 = \text{Arc tg } \frac{z_1 + z_2}{1 - z_1 z_2}.$$

Nous désignerons par

$$\text{arc tg } z$$

et appellerons *valeur principale* de Arc tg z celle des déterminations de la fonction infinivoque Arc tg z qui est donnée par l'expression[193])

$$\frac{i}{2} \lg_e \frac{1 - iz}{1 + iz};$$

sa partie réelle est plus petite que $\frac{\pi}{2}$ et plus grande que $-\frac{\pi}{2}$ ou égale à $-\frac{\pi}{2}$.

Toutes les déterminations de Arc tg z se déduisent de sa valeur principale au moyen de la formule

$$\text{Arc tg } z = \text{arc tg } z + k\pi,$$

où k est un entier quelconque, positif, nul ou négatif.

La partie réelle et la partie purement imaginaire de $\text{arc tg}(x + iy)$ sont mises en évidence par la formule[194])

$$\text{arc tg } z = \frac{1}{2} \frac{x}{\sqrt{x^2}} \arccos \frac{1 - x^2 - y^2}{\sqrt{x^2 + (1 + y)^2} \sqrt{x^2 + (1 - y)^2}} + \frac{i}{4} \lg_e \frac{x^2 + (1 + y)^2}{x^2 + (1 - y)^2}.$$

---

la relation entre les logarithmes et les arctangentes; *G. W. Leibniz* [Acta Erud. Lps. 1702, p. 210/9] avait déjà fait allusion à la relation entre les arctangentes et les logarithmes, dans un article qui a paru deux ans avant celui de *Jean Bernoulli* (Note de *G. Eneström*).*

L. Euler [Introd.[1]) 1, p. 105; trad. *J. B. Labey* 1, p. 103] l'a démontrée pour z réel; *L. Cauchy* [Exercices d'Analyse et de phys. math. 4, Paris 1847, p. 271] pour z complexe quelconque. Voir aussi *O. Stolz*, Allg. Arith.[10]) 2, p. 211; *O. Stolz* et *J. A. Gmeiner*, Funktionenth.[10]), p. 365.

193) *A. L. Cauchy*, Exercices d'Analyse et de phys. math. 4, Paris 1847, p. 271.

194) *L. Euler*, Hist. Acad. Berlin 5 (1749), éd. 1751, p. 286.

A. L. Cauchy, Exercices d'Analyse et de phys. math. 4, Paris 1847, p. 286.

Pour mettre en évidence la partie réelle et le coefficient de i dans arc cot z il suffit, comme l'a fait remarquer *A. L. Cauchy*, de remplacer dans les valeurs trouvées pour arc tg z

$$z = x + iy \quad \text{par} \quad \frac{1}{z} = \frac{x - iy}{x^2 + y^2},$$

ce qui revient à substituer

$$\frac{x}{x^2 + y^2} \text{ à } x, \quad \text{et} \quad \frac{-y}{x^2 + y^2} \text{ à } y.$$

En tout point z situé à l'intérieur du cercle de centre O et de rayon 1, ainsi que sur la circonférence de ce cercle, sauf aux points[195]) $z = +i$ et $z = -i$, on a[196]) la formule[197])

$$\operatorname{arc\,tg} z = \frac{i}{2} \lg_e (1 - iz) - \frac{i}{2} \lg_e (1 + iz) = \sum_{\nu=0}^{\nu=+\infty} (-1)^\nu \frac{z^{2\nu+1}}{2\nu+1}.$$ [198])

En particulier, pour $z = 1$, on a:

$$\frac{\pi}{4} = \operatorname{arc\,tg} 1 = \sum_{\nu=0}^{\nu=+\infty} (-1)^\nu \frac{1}{2\nu+1}.$$

En raison de sa faible convergence, la série

$$1 - \frac{1}{3} + \frac{1}{5} - \cdots + (-1)^\nu \frac{1}{2\nu+1} + \cdots\cdots,$$

dont la somme est égale à $\frac{\pi}{4}$, ne convient pas au calcul de π. On peut toutefois l'utiliser pour le calcul de π, mais seulement après l'avoir transformée convenablement[199]). Il est plus simple, pour calculer π, d'appliquer, pour un choix convenable de z_1 et z_2, la formule

195) Les seuls points *singuliers* de la fonction Arc tg z sont les points

$$z = +i \quad \text{et} \quad z = -i.$$

196) En développant Arc tg z suivant les puissances de $\frac{1}{z}$, on a

$$\operatorname{Arc\,tg} z = \left(k - \frac{1}{2}\right)\pi - \sum_{\nu=0}^{\nu=+\infty} \frac{(-1)^\nu}{2\nu+1} \frac{1}{z^{2\nu+1}} \qquad (k = 0, \pm 1, \pm 2, \ldots\ldots).$$

197) *L. Euler* [Introd.[1]) 1, p. 105; trad. *J. B. Labey* 1, p. 104] a établi cette formule pour des valeurs réelles de la variable. Elle a été ensuite étendue à des variables complexes z [voir par ex. *O. Stolz*, Allg. Arith.[10]) 2, p. 211; *O. Stolz* et *J. A. Gmeiner*, Funkth.[10]), p. 364].

A. L. Cauchy [Analyse alg.[2]), p. 307; Œuvres (2) 3, p. 256] a donné une autre démonstration de la même formule, pour des variables réelles; comme celle de *L. Euler*, cette démonstration repose d'ailleurs sur le développement de $\log_e(1 + x)$ en série entière.

O. Schlömilch [Handbuch der algebraischen Analysis[9]), (4e éd.) Iéna 1868, p. 70] a déduit la même formule par le procédé élémentaire d'une quadrature approchée de l'aire limitée par la courbe $y = \frac{1}{1 + x^2}$, les axes des coordonnées et la droite parallèle à l'axe des y à distance x.

K. Hattendorff [Alg. Analysis[100]), p. 148] l'a déduite du développement en série cité dans la note 200.

198) *I. Newton,* De analysi[64]), Londres 1711; Opuscula 1, p. 7; Opera, éd. *S. Horsley* 1, p. 264; *J. Gregory* [lettre à *J. Collins* datée du 15 février 1671; Commercium epistolicum *J. Collins* et aliorum, Londres 1712; éd. *J. B. Biot* et *F. Lefort*, Paris 1856, p. 79] avait trouvé *en 1670 ou* 1671, indépendamment de *I. Newton*, les développements en série de arc tg 1 et plus généralement de arc tg z.

199) Cf. I 4, 18, en partic. note 140.

d'addition des arc tg z, et d'écrire, par exemple[200])

$$\operatorname{arc\,tg}\frac{1}{5}+\operatorname{arc\,tg}\frac{1}{5}=\operatorname{arc\,tg}\frac{5}{12},$$

$$\operatorname{arc\,tg}\frac{5}{12}+\operatorname{arc\,tg}\frac{5}{12}=\operatorname{arc\,tg}\frac{120}{119},$$

$$\operatorname{arc\,tg}1+\operatorname{arc\,tg}\frac{1}{239}=\operatorname{arc\,tg}\frac{120}{119};$$

d'où[201])

$$\frac{\pi}{4}=4\operatorname{arc\,tg}\frac{1}{5}-\operatorname{arc\,tg}\frac{1}{239},$$

200) *J. Machin*, dans *W. Jones*, Synopsis palmariorum matheseos, Londres 1706, p. 263.

Des formules du même genre permettant d'obtenir la valeur de π d'une façon plus pratique encore se trouvent dans *Ch. Hutton* [Philos. Trans. London 66 (1776), p. 476/92].

Des formules analogues se rencontrent à plusieurs reprises dans *L. Euler*, qui a donné, en particulier [Nova Acta Acad. Petrop. 11 (1793), éd. 1798, p. 133 [1779]], la formule

$$\pi=20\operatorname{arc\,tg}\frac{1}{9}+8\operatorname{arc\,tg}\frac{3}{79};$$

le calcul de $\operatorname{arc\,tg}\frac{1}{9}$ et de $\operatorname{arc\,tg}\frac{3}{79}$ s'effectue rapidement avec une grande approximation au moyen du développement en série de arc tg t *indiqué par *L. Euler* [Calc. diff.[104]), p. 318]*

$$\frac{t}{1+t^2}\left[1+\frac{2}{3}\frac{t^2}{1+t^2}+\frac{2\cdot 4}{3\cdot 5}\left(\frac{t^2}{1+t^2}\right)^2+\cdots\cdot\right].$$

développement que l'on peut aussi déduire aisément de la formule (22) du n° **18** en posant tg $z=t$, en divisant les deux membres par n et faisant enfin tendre n vers zéro [cf. *O. Schlömilch*, Handbuch der algebraischen Analysis[9]), (2e éd.) Iéna 1851, p. 253; *K. Hattendorff*, Alg. Analysis[100]), p. 144].

201) Par ce procédé le calcul de π peut, être pratiquement toujours poussé plus loin. On peut en effet, comme l'a montré *L. Euler* [Comm. Acad. Petrop. 9 (1737), éd. 1744, p. 234 [1738]; Novi Comm. Acad. Petrop. 9 (1762/3), éd. 1764, p. 40/52 [1759]], décomposer de nouveau en une somme de deux arctangentes chacun des arctangentes figurant dans cette formule, et continuer ainsi indéfiniment dans le but d'obtenir des arctangentes calculables à l'aide de développements en série de plus en plus convergents. On a actuellement la valeur approchée de π avec 707 décimales [*W. Shanks*, Proc. R. Soc. London 21 (1872/3), p. 315/9; 22 (1873/4), p. 451/6].

C. Störmer [Skrifter Videnskabsselskabet Christiania math. nat. 1895, mém. n° 11, éd. 1896; Bull. Soc. math. France 27 (1899), p. 160] a donné toutes les solutions en nombres entiers de l'équation

$$m_1\operatorname{arc\,tg}\frac{1}{x_1}+m_2\operatorname{arc\,tg}\frac{1}{x_2}=k\frac{\pi}{4};$$

C. Störmer a aussi étudié [C. R. Acad. sc. Paris 122 (1896), p. 175, 225; Archiv for Math. og Naturvidenskab (Christiania) 19 (1897), p. 1/95] le cas le plus général, où l'on a

$$m_1\operatorname{arc\,tg}\frac{1}{x_1}+m_2\operatorname{arc\,tg}\frac{1}{x_2}+\cdots+m_n\operatorname{arc\,tg}\frac{1}{x_n}=k\frac{\pi}{4}.$$

c'est-à-dire

$$\frac{\pi}{4} = 4\sum_{\nu=0}^{\nu=+\infty}(-1)^\nu \frac{1}{(2\nu+1)\,5^{2\nu+1}} - \sum_{\nu=0}^{\nu=+\infty}(-1)^\nu \frac{1}{(2\nu+1)\,239^{2\nu+1}}.$$

*On définit de même comme fonction inverse de la fonction

$$z = \cot u = i\,\frac{e^{iu}+e^{-iu}}{e^{iu}-e^{-iu}}$$

une fonction infinivoque

$$\operatorname{Arc}\cot z$$

par l'expression

$$\operatorname{Arc}\cot z = \frac{1}{2i}\log_e \frac{z+i}{z-i}.$$

Nous désignerons par

$$\operatorname{arc}\cot z$$

et appellerons valeur principale de $\operatorname{Arc}\cot z$ celle des déterminations de cette fonction infinivoque $\operatorname{Arc}\cot z$ donnée par la formule

$$\operatorname{arc}\cot z = \frac{\pi}{2} - \operatorname{arc}\operatorname{tg} z;$$

on a alors

$$\operatorname{Arc}\cot z = \operatorname{arc}\cot z + k\pi,$$

où k est un nombre entier quelconque (positif, nul ou négatif).*

21. La fonction $\operatorname{Arc}\sin z$. Quel que soit le nombre complexe z, on appelle

$$\operatorname{Arc}\sin z$$

la solution la plus générale de l'équation en u

$$z = \sin u = \frac{e^{iu}-e^{-iu}}{2i}.$$

De cette équation on déduit d'ailleurs que l'on a

$$e^{iu} = iz \pm \sqrt{1-z^2};$$

il en résulte[202]) que la fonction $\operatorname{Arc}\sin z$ est une fonction infinivoque de z et que l'on a

$$\operatorname{Arc}\sin z = \frac{1}{i}\log_e\left[iz \pm \sqrt{1-z^2}\right].$$

Au sujet des démonstrations de l'irrationalité et de la transcendance de π, voir plus haut la note 126, et pour plus de détails l'article I 17 n[os] **60** à **63**. Voir aussi *F. Klein*, Vorträge über ausgewählte Fragen der Elementargeometrie, réd. par *F. Tägert*, Leipzig 1895, p. 53; rédaction française par *J. Griess*, Leçons sur certaines questions de géométrie élémentaire, Paris 1896, p. 66, 82; trad. italienne par *F. Giudice*, Turin 1896, p. 57, 69.

202) Cf. *A. L. Cauchy* [Exercices d'Analyse et de phys. math. 4, Paris 1847, p. 281]; *O. Stolz* [Allg. Arith.[10]) 2, p. 213].

Quel que soit le nombre complexe z, on appelle de même

$$\operatorname{Arc}\cos z$$

la solution la plus générale de l'équation en u

$$z = \cos u = \frac{e^{iu} + e^{-iu}}{2}.$$

De cette équation on déduit d'ailleurs que l'on a

$$e^{iu} = z \pm \sqrt{z^2 - 1};$$

il en résulte que la fonction Arc cos z est une fonction infinivoque de z et que l'on a

$$\operatorname{Arc}\cos z = \frac{1}{i} \log_e [z \pm \sqrt{z^2 - 1}].$$

Si l'on choisit[203]) une des déterminations de Arc sin z et une des déterminations de Arc cos z comme *valeurs principales* de ces deux fonctions et qu'on désigne ces valeurs principales par

$$\arcsin z, \qquad \arccos z,$$

on a deux groupes de valeurs de Arc sin z et de Arc cos z

$$\operatorname{Arc}\sin z = \begin{cases} \arcsin z + 2k\pi \\ \pi - \arcsin z + 2k\pi \end{cases}$$

$$\operatorname{Arc}\cos z = \pm \arccos z + 2k\pi,$$

où k désigne un nombre entier quelconque, positif, nul ou négatif[204]).

On peut d'ailleurs toujours choisir les valeurs principales arc sin z et arc cos z pour qu'elles satisfassent à la condition

$$\arcsin z + \arccos z = \frac{\pi}{2}.$$

On prend généralement pour arc sin z celle des déterminations[205]) de Arc sin z qui est donnée par la formule[206])

$$\arcsin z = \frac{1}{i} \lg_e [iz + \sqrt{1 - z^2}],$$

---

203) *A. L. Cauchy* [Analyse alg.[2]), p. 235, 327; Œuvres (2) 3, p. 270, 272] effectue d'abord ses recherches sur la fonction arc cos z en étudiant séparément la partie réelle et la partie purement imaginaire de cette fonction, puis, d'une façon plus précise [Exercices d'Analyse et de phys. math. 3, Paris 1844, p. 385; cf. *E. G. Björling*, Öfversigt Vetensk. Akad. förhandl. (Stockholm) 4 (1847), p. 64].

204) *O. Stolz* [Allg. Arith.[10]) 2, p. 213] ainsi que *O. Stolz* et *J. A. Gmeiner* [Funktionenth.[10]), p. 370] définissent dans *chacun* des deux groupes de valeurs de Arc sin z une valeur principale dont la partie réelle est plus grande que $-\pi$ et plus petite que π (ou égale à π).

205) *J. Thomae* [Analyt. Funct.[10]), (1re éd.) p. 104/6] a décrit la surface de Riemann correspondant à la fonction infinivoque Arc sin z.

206) *A. L. Cauchy*, Exercices d'Analyse et de phys. math. 3, Paris 1844, p. 385.

où

$$\sqrt{1-z^2} = e^{\frac{1}{2}\lg_e(1-z^2)}.$$

La partie réelle de arc sin z est alors toujours comprise[207]) dans l'intervalle $\left(-\frac{\pi}{2}, +\frac{\pi}{2}\right)$ aux extrémités duquel le coefficient de i dans l'expression de arc sin z est positif ou nul.

La relation (18) du n° **16** peut s'écrire, en changeant de variable,

$$\sin n\,[\arcsin z] = nz + \sum_{\nu=1}^{\nu=+\infty}(-1)^\nu \frac{n(n^2-1)\cdots(n^2-\overline{2\nu-1}^2)}{(2\nu+1)!}z^{2\nu+1};$$

elle peut être envisagée comme une identité en n. En égalant les coefficients de n dans ses deux membres, on obtient, comme l'a montré *A. L. Cauchy*[208]), la relation[209])

$$\arcsin z = z + \sum_{\nu=1}^{\nu=+\infty}\frac{1\cdot 3\cdot 5\cdots(2\nu-1)}{2\cdot 4\cdot 6\cdots(2\nu)}\,\frac{z^{2\nu+1}}{2\nu+1}.$$

Cette relation[210]) a lieu pour toute valeur complexe de z pour laquelle la série

$$z + \frac{1}{2}\frac{z^3}{3} + \frac{1\cdot 3}{2\cdot 4}\frac{z^5}{5} + \cdots + \frac{1\cdot 3\cdot 5\cdots(2\nu-1)}{2\cdot 4\cdot 6\cdots(2\nu)}\,\frac{z^{2\nu+1}}{2\nu+1} + \cdots\cdot\cdot$$

---

207) *A. L. Cauchy*, Exercices d'Analyse et de phys. math. 4, Paris 1847, p. 281.

208) *A. L. Cauchy*, Analyse alg.[7]), p. 549; Œuvres (2) 3, p. 450. En comparant de même, dans cette relation, les coefficients de n^3, on obtient le développement en série de $(\arcsin z)^3$, et ainsi de suite pour les développements de toutes les puissances impaires de arc sin z. De même, pour obtenir les développements en série des puissances paires $(\arcsin z)^2$, $(\arcsin z)^4$, . . ., il suffit de comparer les coefficients de n^2, n^4, . . . dans les deux membres de la relation

$$\cos n(\arcsin z) = 1 + \sum_{\nu=1}^{\nu=+\infty}(-1)^\nu \frac{n^2(n^2-2)(n^2-\overline{2\nu-2}^2)}{(2\nu)!}z^{2\nu}$$

que l'on déduit immédiatement, par un changement de variables, de la relation (19) du n° **16**.

A. L. Cauchy suppose, il est vrai, z réel, mais sa démonstration convient tout aussi bien au cas où z est complexe [cf. *J. Thomae*, Analyt. Funct.[10]), (1re éd.) p. 106; (2e éd.) p. 136; *O. Stolz*, Allg. Arith.[10]) 2, p. 224].

209) Comme l'a montré *A. L. Cauchy* [Analyse alg.[7]), p. 543; Œuvres (2) 3, p. 445], le développement en série de la fonction arc sin z peut aussi être déduit de celui de arc tg z.

210) *I. Newton* [De analysi[64]), Londres 1711; Opuscula 1, p. 19; Opera, éd. *S. Horsley* 1, p. 276] auquel est dû ce développement dans le cas d'une variable réelle x, l'obtient par le procédé élémentaire d'une quadrature de l'aire limitée par la courbe $y = \frac{1}{\sqrt{1-x^2}}$, les axes de coordonnées et la parallèle à l'axe des y à distance x.

On l'obtient aussi [cf. *O. Stolz*, Allg. Arith.[10]) 2, p. 216] en remarquant que,

est convergente, donc pour

$$|z| \leqq 1.$$

Pour $|z| < 1$, la convergence est immédiatement visible; pour toute valeur de z pour laquelle $|z| = 1$, elle résulte aisément du critère de *Raabe-Duhamel* [I 4, 5; I 6, 3].

On a, en particulier

$$\frac{\pi}{2} = \operatorname{arc\,sin} 1 = 1 + \sum_{\nu=1}^{\nu=+\infty} \frac{1 \cdot 3 \cdot 5 \cdots (2\nu - 1)}{2 \cdot 4 \cdot 6 \cdots (2\nu)} \frac{1}{2\nu + 1}.$$

*Pour obtenir la partie réelle et la partie purement imaginaire de $\operatorname{arc\,sin}(x + iy)$, il suffit de former les expressions réelles [211])

$$u = \left[\frac{x^2 + y^2 + 1}{2} + \sqrt{\left(\frac{x^2 + y^2 - 1}{2}\right)^2 + y^2}\right]^{\frac{1}{2}}$$

$$v = \frac{y}{\sqrt{y^2}} \left[\frac{x^2 + y^2 - 1}{2} + \sqrt{\left(\frac{x^2 + y^2 - 1}{2}\right)^2 + y^2}\right]^{\frac{1}{2}}$$

où tous les radicaux ont leur détermination arithmétique.

On a alors

$$\operatorname{arc\,sin}(x + iy) = \operatorname{arc\,sin} \frac{x}{u} + i \lg_e (u + v).^*$$

---

si l'on pose

$$\operatorname{arc\,sin} z = z + \sum_{\nu=1}^{\nu=+\infty} C_{2\nu+1} z^{2\nu+1},$$

on a

$$D_z \operatorname{arc\,sin} z = 1 + \sum_{\nu=1}^{\nu=+\infty} (2\nu + 1) C_{2\nu+1} z^{2\nu}.$$

Comme on a aussi

$$D_z \operatorname{arc\,sin} z = \frac{1}{\sqrt{1 - z^2}} = 1 + \sum_{\nu=1}^{\nu=+\infty} \frac{1 \cdot 3 \cdots 2\nu - 1}{2 \cdot 4 \cdots (2\nu)} z^{2\nu},$$

la comparaison des coefficients des mêmes puissances de z fournit les coefficients $C_3, \ldots, C_{2\nu+1}, \ldots\ldots$ du développement de $\operatorname{arc\,sin} z$ en série entière.

211) *L. Euler* [Hist. Acad. Berlin 5 (1749), éd. 1751, p. 283] et *A. L. Cauchy* [Exercices d'Analyse et de phys. math. 4, Paris 1847, p. 286].

Cette même formule donne immédiatement la partie réelle et la partie imaginaire de

$$\operatorname{arc\,cos} z = \frac{\pi}{2} - \operatorname{arc\,sin} z.$$

A. L. Cauchy [Analyse alg.[5]), p. 325; Œuvres (2) 3, p. 270] a donné explicitement la formule

$$\operatorname{arc\,cos} z = \pm 2k\pi \pm (u + vi),$$

*On pourrait de même introduire, comme solution la plus générale de l'équation en u

$$z = \text{séc}\, u = \frac{2}{e^{iu} + e^{-iu}},$$

une fonction infinivoque

$$\text{Arc séc}\, z = \text{Arc cos}\, \frac{1}{z} = \frac{1}{i} \log_e \left(\frac{1}{z} \pm \sqrt{\frac{1}{z^2} - 1}\right),$$

et envisager la *détermination principale*

$$\text{arc séc}\, z = \text{arc cos}\, \frac{1}{z}$$

de cette fonction Arc séc z.

On peut aussi introduire, comme fonction inverse de la fonction $z = \text{coséc}\, u$, une fonction infinivoque Arc coséc z et envisager la détermination principale

$$\text{arc coséc}\, z = \text{arc sin}\, \frac{1}{z}$$

de cette fonction Arc coséc z.*

22. **Les fonctions** Arg sh z, Arg ch z, Arg th z[212]). *Quel que soit le nombre complexe z, on peut définir comme fonction inverse de la fonction sh u une fonction infinivoque Arg sh z, par la formule

$$u = \text{Arg sh}\, z = \log_e (z \pm \sqrt{z^2 + 1}) = \frac{\text{Arc sin}\, iz}{i}.$$

On prend pour *détermination principale* de Arg sh z et l'on désigne par

$$\text{arg sh}\, z$$

l'expression

$$\text{arg sh}\, z = \lg_e (z + \sqrt{z^2 + 1}) = \frac{\text{arc sin}\, iz}{i},$$

où

$$\sqrt{z^2 + 1}$$

---

où

$$u = \text{arc cos} \frac{x}{\left[\frac{1 + x^2 + y^2}{2} + \sqrt{\left(\frac{1 + x^2 + y^2}{2}\right)^2 - x^2}\right]^{\frac{1}{2}}} \quad \text{et} \quad v = \lg_e \left(\frac{x}{\cos u} - \frac{y}{\sin u}\right).$$

Comme l'a indiqué *A. L. Cauchy* [Exercices d'Analyse et de phys. math. 4, Paris 1847, p. 287], pour mettre en évidence la partie réelle et le coefficient de i dans les fonctions arc coséc z, arc séc z, il suffit de remplacer $z = x + iy$ par $\frac{1}{z} = \frac{x - iy}{x^2 + y^2}$ dans les valeurs trouvées pour arc sin z et arc cos z, c'est-à-dire de substituer, dans les valeurs trouvées pour arc sin z et arc cos z, $\frac{x}{x^2 + y^2}$ à x et $\frac{-y}{x^2 + y^2}$ à y.

212) On écrit parfois Arsh z ce qu'on énonce „aire dont le sinus hyperbolique est z (cf. note 189). La notation Arcsh z dont on a aussi fait usage est impropre puisque la fonction inverse de sh z n'est pas définie à l'aide d'un arc de courbe.

a sa détermination principale

$$e^{\frac{1}{2}\lg_e(z^2+1)}.$$

Dans le cas le plus fréquent où la variable est réelle[213]), on prendra donc, dans l'expression

$$\arg \operatorname{sh} x = \lg_e\left(x + \sqrt{x^2+1}\right),$$

le radical avec sa signification arithmétique.

Quel que soit le nombre complexe z, on peut de même définir des fonctions infinivoques

$$\operatorname{Arg} \operatorname{ch} z, \quad \operatorname{Arg} \operatorname{th} z, \quad \operatorname{Arg} \operatorname{coth} z, \quad \operatorname{Arg} \operatorname{séch} z, \quad \operatorname{Arg} \operatorname{cosséch} z,$$

inverses respectivement des fonctions hyperboliques

$$\operatorname{ch} u, \quad \operatorname{th} u, \quad \operatorname{coth} u, \quad \operatorname{séch} u, \quad \operatorname{coséch} u,$$

et fixer les déterminations principales

$$\arg \operatorname{ch} z, \quad \arg \operatorname{th} z, \quad \arg \operatorname{coth} z, \quad \arg \operatorname{séch} z, \quad \arg \operatorname{coséch} z$$

de ces fonctions inverses.

Ainsi Arg th z et sa valeur principale arg th z seront définies par

$$\operatorname{Arg} \operatorname{th} z = \frac{1}{2} \log_e \frac{1+z}{1-z},$$

$$\arg \operatorname{th} z = \frac{1}{2} \lg_e \frac{1+z}{1-z}.$$

On obtient facilement le développement en série entière en z, pour $|z| < 1$, de chacune des deux fonctions arg th z, arg sh z, à savoir[214])

$$\arg \operatorname{th} z = \sum_{\nu=0}^{\nu=+\infty} \frac{z^{2\nu+1}}{2\nu+1},$$

$$\arg \operatorname{sh} z = z + \sum_{\nu=1}^{\nu=+\infty} (-1)^\nu \frac{1.3.5\ldots(2\nu-1)}{2.4.6\ldots(2\nu)} \frac{z^{2\nu+1}}{2\nu+1}.$$

Pour $z = 1$, on a

$$\arg \operatorname{sh} 1 = \lg_e\left(1 + \sqrt{2}\right) = 1 + \sum_{\nu=1}^{\nu=+\infty} (-1)^\nu \frac{1.3.5\ldots(2\nu-1)}{2.4.6\ldots(2\nu)} \frac{1}{2\nu+1};$$

on a désigné[215]) ce nombre par Π; sa valeur numérique approchée est

$$\Pi = 0{,}8813735870\ldots\ldots^*$$

---

213) *On peut définir directement, dans le cas des variables réelles, les diverses fonctions hyperboliques, et aussi leurs inverses arg sh x, arg ch x, arg th x, ... [cf. *J. Tannery*, Leçons d'algèbre et d'analyse 2, Paris 1906, p. 98/100].*

214) *Du développement en série de arg th z on déduit celui de arg coth z

$$\arg \operatorname{coth} z = \frac{1}{z} + \frac{1}{3z^3} + \frac{1}{5z^5} + \cdots\cdots, \qquad \text{pour } |z| > 1.^*$$

215) *Voir *C. A. Laisant*, Fonctions hyperboliques[190]); Mém. Soc. sc. phys. nat. Bordeaux (1) 10 (1875), p. 254.*

23. Développement de sin z et de cos z en produits infinis. La relation

$$(1)\qquad \operatorname{sh} z = \frac{e^z - e^{-z}}{2} = z \prod_{\nu=1}^{\nu=+\infty}\left(1 + \frac{z^2}{\nu^2\pi^2}\right)$$

a été obtenue par *L. Euler*[216]) en décomposant le polynome en z

$$\frac{1}{2z}\left[\left(1+\frac{z}{n}\right)^n - \left(1-\frac{z}{n}\right)^n\right]$$

de degré pair $n-1$ en facteurs du second degré de la forme

$$1 + \frac{1+\cos\frac{2k\pi}{n}}{1-\cos\frac{2k\pi}{n}}\frac{z^2}{n^2} = 1 + \frac{z^2}{\left(n \operatorname{tg}\frac{k\pi}{n}\right)^2}$$

et en faisant croître n indéfiniment dans les deux membres de la relation ainsi formée:

$$\frac{1}{2z}\left[\left(1+\frac{z}{n}\right)^n - \left(1-\frac{z}{n}\right)^n\right] = \prod_{k=1}^{k=\frac{n-1}{2}}\left[1 + \frac{z^2}{\left(n \operatorname{tg}\frac{k\pi}{n}\right)^2}\right].$$

Il suffit de remplacer z par iz dans la formule (1) pour en déduire

$$(2)\qquad \sin z = z \prod_{\nu=1}^{\nu=+\infty}\left(1 - \frac{z^2}{\nu^2\pi^2}\right).$$

L. Euler[217]) a de même obtenu les formules[218])

---

*Le nombre π est lié au nombre Π par la relation

$$\pi = 4 \operatorname{Amh} \Pi$$

et l'on a

$$\operatorname{th}\frac{\Pi}{2} = \operatorname{tg}\frac{\pi}{8} = \sqrt{2} - 1 = \frac{1}{\sqrt{2}+1} = e^{-\Pi}.\text{*}$$

216) Introd.[1]) 1, p. 118; trad. *J. B. Labey* 1, p. 117. Sans faire usage de la notation sh z, ch z, *L. Euler* envisageait ces fonctions de z.

Il n'est pas difficile de rendre entièrement rigoureuse la démonstration de *L. Euler*. On trouve à cet égard des indications suffisantes dans *O. Stolz*, Allg. Arith.[10]) 2, p. 322; elles sont plus développées dans *O. Stolz* et *J. A. Gmeiner*, Funktionenth.[10]), p. 439. Voir déjà *S. L'Huilier*, Princ. calculi diff.[109]), p. 141.

217) Introd.[1]) 1, p. 132; trad. *J. B. Labey* 1, p. 130.

L. Euler [Introd.[1]) 1, p. 122; trad. *J. B. Labey* 1, p. 120] donne aussi une décomposition en facteurs des expressions de la forme

$$ae^z + be^{-z},$$

où a et b désignent deux constantes données quelconques, ainsi que d'autres expressions analogues.

(3) $$\operatorname{ch} z = \prod_{\nu=0}^{\nu=+\infty}\left(1 + \frac{4z^2}{(2\nu+1)^2\pi^2}\right),$$

(4) $$\cos z = \prod_{\nu=0}^{\nu=+\infty}\left(1 - \frac{4z^2}{(2\nu+1)^2\pi^2}\right).$$

La formule (3) se déduit d'ailleurs immédiatement de la formule (1) au moyen de la relation

$$\operatorname{ch} z = \frac{\operatorname{sh} 2z}{2 \operatorname{sh} z}$$

et la formule (4) se déduit de la formule (3) en remplaçant z par iz.

A. L. Cauchy[219]) déduit la formule (2) de la formule (16) du nº **18** en y faisant croître n indéfiniment et décroître z indéfiniment de façon que le produit nz reste fini[220]).

On pourrait écrire la formule (2)

$$\sin z = z \lim_{k=+\infty} \prod_{\nu=1}^{\nu=k}\left(1 - \frac{z}{\nu\pi}\right)\left(1 + \frac{z}{\nu\pi}\right),$$

mais comme le produit infini

$$\left(1 - \frac{z}{\pi}\right)\left(1 + \frac{z}{\pi}\right)\left(1 - \frac{z}{2\pi}\right)\left(1 + \frac{z}{2\pi}\right)\cdots\left(1 - \frac{z}{\nu\pi}\right)\left(1 + \frac{z}{\nu\pi}\right)\cdots\cdot$$

n'est pas absolument convergent, les facteurs $\left(1 \pm \frac{z}{\nu\pi}\right)$ ne pourraient pas être groupés à volonté.

---

218) Les formules (1), (2) et les relations [nº **23**]

$$\sum_{\nu=1}^{\nu=+\infty} \frac{1}{\nu^2} = \frac{\pi^2}{6}, \quad \sum_{\nu=1}^{\nu=+\infty} \frac{1}{\nu^4} = \frac{\pi^4}{90}, \quad \cdots\cdot$$

avaient déjà été établies auparavant, mais sans aucune rigueur, par *L. Euler* [Comm. Acad. Petrop. 7 (1734/5), éd. 1740, p. 123/34]. Voir à ce sujet *P. Stäckel*, Bibl. math. (3) 8 (1907/8), p. 39/60.

219) Analyse alg.[7]), p. 564/5; Œuvres (2) 3, p. 462. *O. Schlömilch* [Handbuch der algebraischen Analysis[9]), (4ᵉ éd.) Iéna 1868, p. 204] a simplifié cette démonstration.

La démonstration de la formule (2) donnée par *H. Schröter* [Z. Math. Phys. 13 (1868), p. 257] a un caractère tout à fait élémentaire; on se contente d'appliquer un nombre infini de fois la formule

$$\sin x = 2 \sin \frac{x}{2} \sin \frac{x+\pi}{2}.$$

220) En séparant les parties réelles et les parties purement imaginaires, *A. L. Cauchy* [Analyse alg.[7]), p. 573; Œuvres (2) 3, p. 468; cf. *O. Schlömilch*, Handbuch der algebraischen Analysis[9]), (4ᵉ éd.) Iéna 1868, p. 274/7] obtient encore d'autres développements en séries et en produits infinis.

*Il résulte immédiatement des recherches de *K. Weierstrass*[221]) sur les fonctions analytiques d'une variable, appliquées à la fonction $\sin z$, que l'on a

$$(5) \qquad \sin z = z \prod_{\nu=-\infty}^{\nu=+\infty}{}' \left\{ \left(1 - \frac{z}{\nu\pi}\right) e^{\frac{z}{\nu\pi}} \right\},$$

où l'accolade indique que la quantité qu'elle comprend est *un seul* facteur du produit infini et où l'accent signifie que le facteur correspondant à la valeur $\nu = 0$ est exclu.

Le produit infini qui figure dans le second membre est absolument convergent. Il est uniformément convergent dans toute région finie du plan des z.

Cette formule (5) est, pour le sinus, l'analogue de la formule de décomposition d'une fonction rationnelle entière de z en facteurs du premier degré[222]).

221) Abh. Akad. Berlin 1876, math. p. 11/60; Functionenlehre[69]), p. 1/52; Werke 2, Berlin 1895, p. 77/124; trad. par *E. Picard*; Ann. Ec. Norm. (2) 8 (1879), p. 111/50.

C'est un cas particulier du théorème général d'après lequel chaque fonction transcendante entière dont on connaît les zéros peut être décomposée en facteurs primaires, c'est-à-dire en facteurs n'ayant chacun qu'un seul zéro [cf. II 8]. Ce théorème appliqué à la fonction $\sin z$, dont *L. Euler* [Misc. Berolin. 7 (1743), p. 172/92] avait déjà montré qu'elle n'a pas d'autres zéros que les nombres

$$0, \quad \pm\pi, \quad \pm 2\pi, \quad \ldots, \quad \pm\nu\pi, \quad \ldots..,$$

indique que $\sin z$ est nécessairement de la forme

$$\sin z = z e^{\varphi(z)} \prod_{\nu=-\infty}^{\nu=+\infty}{}' \left\{ \left(1 - \frac{z}{\nu\pi}\right) e^{\frac{z}{\nu\pi}} \right\},$$

où $\varphi(z)$ est une fonction transcendante entière.

Il suffit alors de montrer qu'ici $e^{\varphi(z)} = 1$; on y parvient soit en égalant, comme l'a fait *K. Weierstrass* [voir par ex. *C. Frenzel*, Z. Math. Phys. 24 (1879), p. 325], les dérivées secondes des logarithmes des deux membres de cette relation et en démontrant sur la relation ainsi obtenue que $\varphi(z)$ se réduit ici nécessairement à une constante, soit en appliquant un théorème fondamental de *J. Hadamard* [voir par ex. *E. Borel*, Leçons sur les fonctions entières, Paris 1900, p. 82; *A. Pringsheim*, Math. Ann. 58 (1904), p. 328] sur la croissance des fonctions entières.

222) *On pourrait prendre le produit infini absolument et uniformément convergent qui figure dans le second membre de cette formule comme *définition* de la fonction $\sin z$. Il est intéressant de se rendre compte des transformations qu'il faut faire subir alors à ce produit infini pour montrer que la fonction ainsi définie jouit de toutes les propriétés de la fonction $\sin z$. Pour ce qui concerne la périodicité, voir *Ch. Hermite* [Cours d'Analyse de l'Ec. polyt. 1, Paris 1873, p. 42; Cours autographié[138]), (4e éd.) Paris 1887, p. 82] et, par ex., *J. Tannery* et *J. Molk*, Fonctions elliptiques[126]) 1, p. 135.*

L'analogie consiste en ce que, d'une part, dans les deux cas, chaque facteur est fini et ne s'annule qu'une fois pour toute valeur finie de z, et que, d'autre part, l'ordre dans lequel on prend les facteurs peut être modifié à volonté[223]).*

Si dans la formule (2) on fait $z = \frac{\pi}{2}$, on obtient la relation

$$1 = \frac{\pi}{2} \prod_{\nu=1}^{\nu=+\infty} \frac{2\nu-1}{2\nu} \cdot \frac{2\nu+1}{2\nu}$$

qui fournit le développement

$$\frac{2}{1} \cdot \frac{2}{3} \cdot \frac{4}{3} \cdot \frac{4}{5} \cdot \frac{6}{5} \cdot \frac{6}{7} \cdot \frac{8}{7} \cdot \frac{8}{9} \cdot \dots\dots$$

de $\frac{\pi}{2}$ en produit infini. C'est la *formule de Wallis*[224]), qui est d'un usage fréquent. On en déduit d'une façon élémentaire[225]) la *formule de Stirling*[226])

$$n! = \sqrt{2n\pi}\, n^n e^{-n+\frac{\theta}{12n}} \qquad (\text{où } \ 0 < \theta < 1).$$

En développant le second membre de la formule (1) en série entière en z, et en comparant les coefficients de ce développement à ceux du développement de sin z fournis par la formule (4) du n° 18, *L. Euler*[227]) a obtenu les relations

$$\sum_{\nu=1}^{\nu=+\infty} \frac{1}{\nu^2} = \frac{\pi^2}{6}, \qquad \sum_{\nu=1}^{\nu=+\infty} \frac{1}{\nu^4} = \frac{\pi^4}{90}, \qquad \sum_{\nu=1}^{\nu=+\infty} \frac{1}{\nu^6} = \frac{\pi^6}{945}, \qquad \dots\dots$$

---

223) *L. Seidel* [J. reine angew. Math. 73 (1871), p. 273] a décomposé en produits infinis diverses fonctions parmi lesquelles les fonctions

$$\text{arc cos}\, z, \quad \log_e z.$$

224) Arithmetica infinitorum, Oxford 1656 (dédicace juillet 1655), prop. 191; Opera 1, Oxford 1695, p. 469.

225) Voir *J. A. Serret*, Alg. sup.[48]), (6e éd.) 2, Paris 1910, p. 219.

226) *La formule indiquée par *J. Stirling* [Methodus differentialis, sive tractatus de summatione et interpolatione serierum infinitarum, Londres 1730, p. 135] diffère quelque peu de celle qu'on lui attribue ordinairement [cf. *G. Eneström*, Bibl. math. (3) 5 (1904), p. 207]; cette dernière se trouve indiquée par *A. de Moivre* [Misc. analyt.[71]), supplementum p. 11] (Note de *G. Eneström*)*.

227) Introd.[1]) 1, p. 130; trad. *J. B. Labey* 1, p. 129.

De l'identité

$$\prod_{\nu=1}^{\nu=+\infty} (1 + \alpha_\nu z) = \sum_{\nu=0}^{\nu=+\infty} c_\nu z^\nu,$$

envisagée comme si le produit et la somme étaient étendus à un nombre fini de termes, *L. Euler* conclut plus généralement les relations

$$\sum_{\nu=1}^{\nu=+\infty} \alpha_\nu = c_1, \qquad \sum_{\nu=1}^{\nu=+\infty} \alpha_\nu^2 = c_1^2 - 2c_2, \qquad \dots\dots$$

En général on a, pour tout nombre naturel k,

$$\sum_{\nu=1}^{\nu=+\infty} \frac{1}{\nu^{2k}} = \frac{2^{2k-1} B_k}{(2k)!} \pi^{2k},$$

en désignant par B_k le $k^{\text{ième}}$ *nombre de Bernoulli*, *c'est-à-dire le $k^{\text{ième}}$ nombre de la suite[228])

$$B_1 = \frac{1}{6}, \quad B_2 = \frac{1}{30}, \quad B_3 = \frac{1}{42}, \quad B_4 = \frac{1}{30}, \quad B_5 = \frac{5}{66},$$

$$B_6 = \frac{691}{2730}, \quad B_7 = \frac{7}{6}, \quad B_8 = \frac{3617}{510}, \quad B_9 = \frac{43867}{798}, \quad B_{10} = \frac{174611}{330},$$

où, en général[229]),

$$(2k+1)B_k = \binom{2k+1}{3} B_{k-1} - \binom{2k+1}{5} B_{k-2} + \cdots + (-1)^{k-2}\binom{2k+1}{2k-1} B_1 + (-1)^{k-1}(2k-1).^*$$

24. Décomposition en éléments simples des fonctions tg z, cot z, séc z, coséc z. Comme l'a montré *L. Euler*[230]) il suffit d'appliquer la formule (2) du n° **23** au numérateur et au dénominateur du quotient $\frac{\cos(z-u)}{\cos z}$ pour obtenir la relation

$$\frac{\cos(z-u)}{\cos z} = \prod_{\nu=0}^{\nu=+\infty} \left[1 - \frac{2u}{(2\nu+1)\pi + 2z}\right]\left[1 + \frac{2u}{(2\nu+1)\pi - 2z}\right],$$

que l'on peut écrire

$$\cos u + \operatorname{tg} z \sin u = \prod_{\nu=0}^{\nu=+\infty} \left[1 + \frac{8uz - 4u^2}{(2\nu+1)^2\pi^2 - 4z^2}\right].$$

En égalant les coefficients de u dans les développements en séries entières en u des deux membres de cette identité, on a la formule[231])

$$(1) \qquad \operatorname{tg} z = -2\sum_{\nu=0}^{\nu=+\infty} \left[\frac{1}{2z+(2\nu+1)\pi} + \frac{1}{2z-(2\nu+1)\pi}\right],$$

Pour compléter la démonstration de *L. Euler*, il suffit de montrer que le produit envisagé est *absolument* convergent. Cette condition suffisante n'est cependant pas nécessaire pour que ces relations aient lieu.

228) Au sujet des *nombres de Bernoulli* voir n° **25** et l'article II 5.

229) **Jacques Bernoulli*, Ars conjectandi, Œuvre posth. publ. par *Nicolas Bernoulli*, Bâle 1713, p. 97; trad. par *L. G. F. Vastel*, Caen an X; *A. de Moivre*, Misc. analyt.[71]), supplementum p. 6.*

230) Introd.[1]) 1, p. 126/34; trad. *J. B. Labey* 1, p. 125/32. Démonstration rigoureuse dans *O. Stolz* [Allg. Arith.[10]) 2, p. 252, 323] et dans *O. Stolz* et *J. A. Gmeiner* [Funktionenth.[10]), p. 444]. Démonstration analogue dans *O. Schlömilch* [Handbuch der algebraischen Analysis[9]), (4e éd.) Iéna 1868, p. 206/9].

231) *En utilisant les formules qui donnent

donc aussi la formule

$$(2)\qquad \operatorname{tg} z = \sum_{\nu=0}^{\nu=+\infty} \frac{8z}{(2\nu+1)^2\pi^2 - 4z^2}.$$

*De cette formule (2) on déduit immédiatement la relation

$$\operatorname{th} z = \sum_{\nu=0}^{\nu=+\infty} \frac{8z}{4z^2 + (2\nu+1)^2\pi^2}.*$$

Si dans la formule (1) on remplace z par $\frac{\pi}{2} - z$, on voit que l'on a aussi

$$(3)\qquad \cot z = \frac{1}{z} + \sum_{\nu=1}^{\nu=+\infty} \left[\frac{1}{z-\nu\pi} + \frac{1}{z+\nu\pi}\right],$$

donc aussi

$$(4)\qquad \cot z = \frac{1}{z} - \sum_{\nu=1}^{\nu=+\infty} \frac{2z}{\nu^2\pi^2 - z^2}.$$

*On en déduit immédiatement la relation

$$\frac{1}{\operatorname{th} z} = i \cot iz = \frac{1}{z} + \sum_{\nu=1}^{\nu=+\infty} \frac{2z}{\nu^2\pi^2 + z^2}.*$$

En appliquant la formule

$$\operatorname{cos\acute{e}c} z = \cot \frac{z}{2} - \cot z$$

on obtient la relation

$$(5)\quad \operatorname{cos\acute{e}c} z = \frac{1}{z} + \sum_{\nu=1}^{\nu=+\infty} \left[\frac{(-1)^\nu}{z-\nu\pi} + \frac{(-1)^\nu}{z+\nu\pi}\right] = \frac{1}{z} + \sum_{\nu=1}^{\nu=+\infty} (-1)^{\nu-1} \frac{2z}{\nu^2\pi^2 - z^2};$$

*d'où

$$\frac{1}{\operatorname{sh} z} = i \operatorname{cos\acute{e}c} iz = \frac{1}{z} - \sum_{\nu=1}^{\nu=+\infty} (-1)^{\nu-1} \frac{2z}{\nu^2\pi^2 + z^2}.*$$

$$S_2 = \alpha^2 + \beta^2 + \gamma^2 + \cdots\cdots$$
$$S_3 = \alpha^3 + \beta^3 + \gamma^3 + \cdots\cdots$$
$$\cdots\cdots\cdots\cdots\cdots$$

au moyen de $A, B, C, \ldots\ldots$ quand on a identiquement

$$1 + Au + Bu^2 + Cu^3 + \cdots\cdots = (1+\alpha u)(1+\beta u)(1+\gamma u)\ldots\ldots,*$$

L. Euler obtient [Introd.[1]) 1, p. 135; trad. *J. B. Labey* 1, p. 133] des formules de décomposition en éléments simples pour $\operatorname{tg}^2 z$, $\operatorname{tg}^3 z + \operatorname{tg} z$ et plusieurs autres polynomes en $\operatorname{tg} z$. Ces formules fournissent, comme cas particuliers, les expressions des sommes de quelques séries remarquables, entre autres la relation (6) du n° 25.

En remplaçant, dans la formule (5), z par $\frac{\pi}{2} - z$, on a

$$(6)\qquad \text{séc}\, z = 2\sum_{\nu=0}^{\nu=+\infty}\left[\frac{(-1)^\nu}{(2\nu+1)\pi - 2z} + \frac{(-1)^\nu}{(2\nu+1)\pi + 2z}\right]$$

$$= 4\sum_{\nu=0}^{\nu=+\infty}(-1)^\nu \frac{(2\nu+1)\pi}{(2\nu+1)^2\pi^2 - 4z^2};$$

*d'où

$$\frac{1}{\text{ch}\, z} = 4\sum_{\nu=0}^{\nu=+\infty}(-1)^\nu \frac{(2\nu+1)\pi}{(2\nu+1)^2\pi^2 + 4z^2}.^*$$

Les séries

$$\frac{1}{\pi^2 - 4z^2} + \frac{1}{9\pi^2 - 4z^2} + \cdots + \frac{1}{(2\nu-1)^2\pi^2 - 4z^2} + \cdots\cdots,$$

$$\frac{1}{\pi^2 - z^2} + \frac{1}{4\pi^2 - z^2} + \cdots + \frac{1}{\nu^2\pi^2 - z^2} + \cdots\cdots,$$

$$\frac{1}{\pi^2 - 4z^2} - \frac{3}{9\pi^2 - 4z^2} + \cdots + (-1)^\nu \frac{2\nu+1}{(2\nu+1)^2\pi^2 - 4z^2} + \cdots\cdots,$$

$$\frac{1}{\pi^2 - z^2} - \frac{1}{4\pi^2 - z^2} + \cdots + (-1)^{\nu-1}\frac{1}{\nu^2\pi^2 - z^2} + \cdots\cdots,$$

dont les sommes figurent dans les seconds membres des relations (2), (4), (5), (6), sont uniformément et absolument convergentes dans toute région finie du plan de la variable complexe z ne contenant aucun des zéros de l'un ou de l'autre des dénominateurs des fractions simples qui y figurent. Les séries dont les sommes figurent dans les seconds membres des relations (1), (3), (5), (6) sont, elles aussi, uniformément convergentes dans toute région finie du plan des z ne contenant aucun des zéros de l'un ou l'autre des dénominateurs qui y figurent, mais ces séries ne sont plus, en général, absolument convergentes[232]) quand on groupe leurs termes d'une façon arbitraire après avoir séparé les deux fractions simples qui figurent dans le même crochet[233]).

25. Développements en séries entières des fonctions tg z, cot z, cosée z, $\log_e \frac{\sin z}{z}$, $\log_e \cos z$[234]). Des formules de décomposition en

232) Toutes ces séries de fractions simples linéaires peuvent d'ailleurs être aisément transformées (par simple addition de constantes convenablement choisies) en séries absolument convergentes. C'est là un cas particulier du théorème de Mittag-Leffler. Voir l'article II 8.

233) On trouvera d'autres démonstrations des mêmes formules de décomposition des fonctions tg z, cot z, coséc z, séc z en fractions simples, ne convenant en partie que dans le cas où la variable est réelle, dans *A. L. Cauchy* [Analyse alg.[7]), p. 575; Œuvres (2) 3, p. 470], *H. Schröter* [Z. Math. Phys. 13 (1868), p. 257], *J. Thomae* [Analyt. Funct.[10]), (1re éd.) p. 90; (2e éd.) p. 127], *K. Hattendorff* [Alg. Analysis[100]), p. 256].

éléments simples des fonctions tg z, cot z, coséc z[235]) [n° **24**, formules (1), (3) et (5)] on déduit aisément des développements en séries entières pour ces trois fonctions. On a ainsi

(1) $$\operatorname{tg} z = \sum_{\nu=1}^{\nu=+\infty} \frac{2^{2\nu}(2^{2\nu}-1)}{(2\nu)!} B_\nu z^{2\nu-1}, \qquad |z| < \frac{\pi}{2},$$

(2) $$z \cot z = 1 - \sum_{\nu=1}^{\nu=+\infty} \frac{2^{2\nu}}{(2\nu)!} B_\nu z^{2\nu}, \qquad |z| < \pi,$$

(3) $$z \operatorname{coséc} z = 1 + 2\sum_{\nu=1}^{\nu=+\infty} \frac{2^{2\nu}-1}{(2\nu)!} B_\nu z^{2\nu}, \qquad |z| < \pi.$$

Dans les coefficients de ces formules figurent les *nombres de Bernoulli*, qui s'y introduisent en tenant compte des relations

$$\sum_{\nu=1}^{\nu=+\infty} \frac{1}{\nu^{2k}} = \frac{2^{2k-1}B_k}{(2k)!}\pi^{2k}$$

du n° **23**.

Les nombres de Bernoulli figurent aussi dans les développements en séries entières[236]) des fonctions $\log_e \frac{\sin z}{z}$ et $\log_e \cos z$, que l'on déduit des formules de décomposition des fonctions $\frac{\sin z}{z}$ et $\cos z$ en produits infinis [formules (1) et (2) du n° **23**] en égalant les logarithmes de ces fonctions aux sommes des logarithmes de produits infinis auxquelles elles sont égales. On a ainsi

(4) $$\log_e \frac{\sin z}{z} = -\sum_{\nu=1}^{\nu=+\infty} \frac{1}{\nu} \frac{2^{2\nu-1}}{(2\nu)!} B_\nu z^{2\nu}, \qquad |z| < \pi,$$

(5) $$\log_e \cos z = -\sum_{\nu=1}^{\nu=+\infty} \frac{1}{\nu} \frac{(2^{2\nu}-1)\,2^{2\nu-1}}{(2\nu)!} B_\nu z^{2\nu}, \qquad |z| < \frac{\pi}{2}.$$

Si, dans les formules qui permettent de représenter chaque fonction trigonométrique sous forme d'un produit de fonctions trigonométriques, on remplace ces fonctions soit par les développements ré-

234) *Les premiers coefficients des développements en séries entières en x des fonctions arc tg x, arc sin x et ceux des fonctions sin x, cos x ont été calculés par *I. Newton* [De analysi[64]), Londres 1711; Opuscula 1, p. 7, 19, 22; Opera, éd. *S. Horsley* 1, p. 264, 276, 278], ceux de tg x, séc x, arctg x, $\log_e$ tg x, $\log_e$ séc x par *J. Gregory* dans une lettre à *J. Collins* datée du 15 février 1671 [Commercium epistolicum *J. Collins* et aliorum, Londres 1712; éd. *J. B. Biot* et *F. Lefort*, Paris 1856, p. 79].* Cf. notes 177, 198, 210.

235) *L. Euler*, Introd.[1]) 1, p. 159/60; trad. *J. B. Labey* 1, p. 154/5.

236) *L. Euler*, Introd.[1]) 1, p. 152; trad. *J. B. Labey* 1, p. 147.

sultant des formules (1), (2) ou (3), soit par les développements en série de sin z ou cos z [n° **18** formule 4], et qu'on égale ensuite les coefficients des mêmes puissances de la variable, on obtient des formules récurrentes pour les nombres de Bernoulli [cf. II 5].

Le développement en série entière en z de la fonction paire séc z est de la forme

$$E_0 + E_1 \frac{z^2}{2!} + E_2 \frac{z^4}{4!} + \cdots + E_\nu \frac{z^{2\nu}}{(2\nu)!} + \cdots\cdots;$$

il est convergent pour $|z| < \frac{\pi}{2}\cdot$ Les coefficients E_ν qui y figurent[237]) jouissent de propriétés analogues à celles des nombres de Bernoulli. On les appelle *nombres d'Euler.*

La relation

$$\cos z \cdot \text{séc}\, z = 1$$

fournit une formule récurrente pour le calcul de ces nombres. On a immédiatement

$$E_0 = 1, \qquad E_1 = 1, \qquad E_2 = 5, \qquad E_3 = 61, \quad \ldots\ldots$$

De la formule (6) du n° **24** on peut d'ailleurs aussi déduire l'expression du développement en série entière en z^2 de la fonction paire séc z. En comparant ces deux développements on voit que, pour chaque nombre naturel k, on a[238])

$$(6) \qquad \frac{\pi^{2k+1}}{2^{2k+2}} \frac{E_k}{(2k)!} = \sum_{\nu=1}^{\nu=+\infty} \frac{(-1)^{\nu-1}}{(2\nu-1)^{2k+1}}.$$

La façon même dont on a déduit des formules de décomposition en éléments simples des fonctions tg z, cot z, coséc z, séc z les développements en série

$$z + \frac{1}{3} z^3 + \frac{2}{15} z^5 + \cdots + 2^{2\nu} \frac{(2^{2\nu}-1)}{(2\nu)!} B_\nu z^{2\nu} + \cdots\cdots,$$

$$\frac{1}{z} - \frac{z}{3} - \frac{z^3}{45} - \cdots - \frac{2^{2\nu}}{(2\nu)!} B_\nu z^{2\nu-1} - \cdots\cdots,$$

$$\frac{1}{z} + \frac{z}{2} + \frac{z^3}{24} + \cdots + \frac{2(2^{2\nu}-1)}{(2\nu)!} B_\nu z^{2\nu-1} + \cdots\cdots,$$

$$1 + \frac{z^2}{2} + \frac{5}{24} z^4 + \cdots + \frac{1}{(2\nu)!} E_\nu z^{2\nu} + \cdots\cdots$$

---

237) C'est *J. L. Raabe* [J. reine angew. Math. 42 (1851), p. 366] qui a proposé d'appeler ces coefficients „nombres d'Euler".

Au sujet des nombres d'Euler et des formules qui les lient aux nombres de Bernoulli, voir *L. Saalschütz*, Vorlesungen über die Bernoullischen Zahlen, Berlin 1893. Voir aussi l'article II 5.

238) Cette relation est due à *L. Euler* qui l'a d'ailleurs établie [Introd.[1]) 1, p. 138; trad. *J. B. Labey* 1, p. 135] pour $k = 1, 2, 3, \ldots$ en se plaçant à un autre point de vue que celui adopté dans cet article. Cf. note 231.

de ces fonctions, montre que chacune de ces quatre séries est *partout* divergente sur la circonférence de son cercle de convergence.

La série

$$\frac{z^2}{6}+\frac{z^4}{180}+\frac{z^6}{2835}+\cdots+\frac{1}{\nu}\frac{2^{2\nu-1}}{(2\nu)!}B_\nu z^{2\nu}+\cdots\cdots,$$

dont la somme [formule 4] est égale à $-\log_e\frac{\sin z}{z}$, converge, au contraire, en chacun des points de la circonférence du cercle de centre $z=0$ et de rayon égal à π, excepté aux points

$$z=+\pi \quad\text{et}\quad z=-\pi.$$

Et la série

$$\frac{z^2}{2}+\frac{z^4}{12}+\frac{z^6}{30}+\cdots+\frac{1}{\nu}\frac{(2^{2\nu}-1)2^{2\nu-1}}{(2\nu)!}B_\nu z^{2\nu}+\cdots\cdots,$$

dont la somme [formule 5] est égale à $-\log_e\cos z$, converge en chacun des points de la circonférence du cercle de centre $z=0$ et de rayon égal à $\frac{\pi}{2}$, excepté aux points

$$z=+\frac{\pi}{2} \quad\text{et}\quad z=-\frac{\pi}{2}.$$

26. Séries hypergéométriques. Presque toutes les séries entières qui ont été envisagées dans l'analyse algébrique rentrent comme cas particuliers ou comme cas limites dans la série étudiée par *C. F. Gauss*[239]) et actuellement connue sous le nom[240]) de série hypergéométrique[241])

$$F(\alpha,\beta,\gamma,z)=1+\frac{\alpha\cdot\beta}{1\cdot\gamma}z+\frac{\alpha(\alpha+1)\cdot\beta(\beta+1)}{1\cdot2\cdot\gamma(\gamma+1)}z^2+\cdots\cdots$$

*Ainsi l'on a[242])

239) Disquisitiones generales circa seriem infinitam [Commentat. Soc. Gott. recent. 2 (1811/3), math., mém. n° 1, p. 3/46 [1812]; Werke 3, Göttingue 1876, p. 125/62].

240) *J. Wallis* [Arith.[224]); Opera 1, p. 466] avait désigné sous le nom de série hypergéométrique une série qui diffère un peu de celle de *C. F. Gauss.*

241) **L. Euler* [Novi Comm. Acad. Petrop. 13 (1768), éd. 1769, p. 3/66 [1765]; Nova Acta Acad. Petrop. 7 (1789), éd. 1793, p. 42/63 [1776]; 8 (1790), éd. 1794, p. 3/14 [1776]] entendait par séries hypergéométriques celles dont le coefficient du terme général est une factorielle ou bien une fraction dont le numérateur et le dénominateur sont des factorielles. Le nom de série hypergéométrique ne se trouve pas dans le mémoire cité de *C. F. Gauss* et, en 1819, *S. F. Lacroix* [Traité du calcul différentiel et du calcul intégral, (2e éd.) 3, Paris 1819, p. 384] donne encore à cette locution le sens que lui avait donné *L. Euler.* La locution *série hypergéométrique* a été employée dans le sens actuel au moins depuis 1836 [cf. *E. E. Kummer*, J. reine angew. Math. 15 (1836), p. 39] (Note de *G. Eneström*).*

242) **C. F. Gauss* [Disq. generales[239]); Werke 3, p. 127] représente, au moyen de la série hypergéométrique, 23 fonctions que l'on rencontre effectivement

$$e^z = F\left(1, k, 1, \frac{z}{k}\right), \quad \text{pour } k \text{ infini};$$

$$(1+z)^n = F(-n, \beta, \beta, -z), \quad \text{quel que soit } \beta;$$

$$\frac{\sin z}{z} = F\left(\alpha, \beta, \frac{3}{2}, -\frac{z^2}{4\alpha\beta}\right), \quad \text{pour } \alpha \text{ et } \beta \text{ infinis};$$

$$\cos z = F\left(\alpha, \beta, \frac{1}{2}, -\frac{z^2}{4\alpha\beta}\right), \quad \text{pour } \alpha \text{ et } \beta \text{ infinis};$$

$$\frac{\lg_e(1+z)}{z} = F(1, 1, 2, -z);$$

$$\frac{1}{2z} \lg_e \frac{1+z}{1-z} = \frac{1}{z} \operatorname{arg\,th} z = F\left(\frac{1}{2}, 1, \frac{3}{2}, z^2\right).*$$

La série hypergéométrique[243]) peut être facilement développée en fraction continue convergente. On peut en déduire les développements en fraction continue de diverses séries rentrant comme cas particuliers ou comme cas limites dans la série hypergéométrique.

---

en analyse; parmi celles-ci, et outre celles données dans le texte,

$$\sin nz = n \sin z \cos z \cdot F\left(\frac{n}{2}+1, -\frac{n}{2}+1, \frac{3}{2}, \sin^2 z\right),$$

$$\sin nz = n \sin z \cos^{n-1} z \cdot F\left(-\frac{n}{2}+1, -\frac{n}{2}+\frac{1}{2}, \frac{3}{2}, -\operatorname{tg}^2 z\right),$$

$$\sin nz = n \sin z \cos^{-n-1} z \cdot F\left(\frac{n}{2}+1, \frac{n}{2}+\frac{1}{2}, \frac{3}{2}, -\operatorname{tg}^2 z\right),$$

$$\frac{z}{\cos z} = \sin z \cdot F\left(1, 1, \frac{3}{2}, \sin^2 z\right).*$$

243) La série hypergéométrique de *C. F. Gauss* se rencontre déjà dans *L. Euler* [Nova Acta Petrop. 12 (1794), éd. 1801, p. 58/70 [1778]] qui donne l'équation différentielle du second ordre à laquelle satisfont les fonctions hypergéométriques, en déduit la formule de transformation

$$F(\alpha, \beta, \gamma, z) = (1-z)^{\gamma-\alpha-\beta} F(\gamma-\alpha, \gamma-\beta, \gamma, z),$$

et applique enfin ces fonctions à la représentation des coefficients de certaines séries trigonométriques jouant un rôle dans la théorie de l'attraction universelle.

La convergence de la série hypergéométrique a été étudiée dans le cas où la variable est réelle par *C. F. Gauss*, dans celui où la variable est complexe par *K. Weierstrass* [Bemerkungen über die analytischen Facultäten, Progr. Deutsch Crone 1842/3; Werke 1, Berlin 1894, p. 97].

Le rayon du cercle de convergence de la série $F(\alpha, \beta, \gamma, z)$ est égal à 1. Sur la circonférence (C) de ce cercle la série est, ou bien partout absolument convergente, ou bien partout convergente sans l'être absolument, sauf au point $z=1$ où elle est divergente, ou bien partout divergente. La première, la seconde ou la troisième de ces trois alternatives se présentent toujours suivant que l'on a, en désignant par ϱ la partie réelle de $\gamma-\alpha-\beta$,

$$\varrho > 1, \qquad 1 \geqq \varrho > 0, \qquad 0 > \varrho$$

[cf. *A. Pringsheim*, Archiv Math. Phys. (3) 4 (1903), p. 19].

Les propriétés *arithmétiques* des fonctions élémentaires sont d'ailleurs bien mieux mises en évidence par leurs développements en fractions continues[244]) que par leurs développements en séries. On aperçoit ainsi, en particulier, assez facilement que e^z est irrationnel[245]) pour tout nombre rationnel z[246]).

La théorie des fonctions hypergéométriques[247]) sort du cadre de l'Analyse algébrique[248]). Elle rentre naturellement dans l'étude générale des fonctions et dans celle des équations différentielles linéaires.

---

244) Sur la transformation de la série hypergéométrique en fraction continue voir l'article II 5.

245) Le développement en fraction continue de tg z [I 4, **36** formule 82] permet de voir facilement aussi que tg z est irrationnel pour tout nombre rationnel z.

246) Voir I 3, **12**; I 4, **36**; I 17, **60**.

247) On trouvera des renseignements détaillés sur les fonctions hypergéométriques dans *L. Jecklin*, Hist. krit. Untersuchung über die Theorie der hypergeometrischen Reihe, Diss. Berne 1901, éd. Schiers (Grisons) 1901.

248) *J. Thomae* [Z. Math. Phys. 26 (1881), p. 314; 27 (1882), p. 41] a montré toutefois que l'on peut à la rigueur établir plusieurs des propriétés des séries hypergéométriques en ne s'appuyant que sur des propositions élémentaires de la théorie des fonctions.

II 8. FONCTIONS ANALYTIQUES.

EXPOSÉ, D'APRÈS L'ARTICLE ALLEMAND DE **W. F. OSGOOD** (CAMBRIDGE U.S.A.)
PAR **P. BOUTROUX** (NANCY) ET **JEAN CHAZY** (GRENOBLE)[1].

Introduction.

Après l'invention du calcul infinitésimal par *I. Newton* et *G. W. Leibniz*, on appliqua et l'on adapta les principes de ce calcul à la solution de problèmes nombreux et variés tirés de la géométrie et de la physique mathématique; et d'autre part le calcul intégral, en particulier le calcul des intégrales définies, se développèrent au point de vue formel. Le problème du mouvement plan d'un fluide incompressible conduisit à considérer simultanément deux fonctions réelles u, v des coordonnées rectangulaires x, y, satisfaisant aux deux relations

$$\int u dx + v dy = 0, \quad \int v dx - u dy = 0,$$

où les intégrales sont étendues à un contour fermé arbitraire. Ce problème était le type d'une série de problèmes de physique et de géométrie (citons le problème des cartes géographiques), dans lesquels s'introduit un couple de fonctions u, v, qui satisfont aux équations aux dérivées partielles

$$\frac{\partial u}{\partial x} = \frac{\partial v}{\partial y}, \quad \frac{\partial u}{\partial y} = -\frac{\partial v}{\partial x}.$$

On reconnut que la fonction u est une solution de l'équation de Laplace

$$\Delta u = \frac{\partial^2 u}{\partial x^2} + \frac{\partial^2 u}{\partial y^2} = 0,$$

et que toute fonction de la forme

$$u = \varphi(x + y\sqrt{-1}) + \psi(x - y\sqrt{-1}),$$

1) *Cet article a été revu dans son ensemble par *P. Boutroux* et *J. Chazy*; l'exposé des trois premiers chapitres a été rédigé par *J. Chazy*, celui du dernier chapitre par *P. Boutroux*.*

φ et ψ désignant des fonctions arbitraires dont la somme ne prend que des valeurs réelles, fournit une solution de cette équation. Naturellement la notion de fonction manquait alors de précision. On se contentait de définitions précaires en cherchant surtout à développer des procédés de calcul. Dans la formule précédente, quand les fonctions φ et ψ étaient des polynomes ou des séries à coefficients réels, ou encore des expressions composées avec les fonctions élémentaires, les calculs étaient légitimes, et l'on ne se souciait pas de les justifier dans des cas plus généraux.

Vers la même époque, c'est-à-dire vers la fin du 18ième siècle, l'introduction des quantités imaginaires contribua au développement formel de l'analyse. La théorie des fonctions trigonométriques s'enrichit de la formule de Moivre. On définit les valeurs des fonctions élémentaires pour les valeurs imaginaires de l'argument par extension des formules qui définissent ces fonctions pour les valeurs réelles de l'argument. On en vint à considérer que le nombre des points d'intersection de deux courbes algébriques de degrés m et n n'a pas seulement le nombre mn pour limite supérieure, si l'on tient compte des points d'intersection réels exclusivement, mais encore que par l'introduction des quantités imaginaires (et par une interprétation convenable de l'allure des courbes à l'infini) il atteint effectivement cette limite supérieure. On reconnut que les formules de calcul intégral

$$\int \frac{dx}{1+ax^2} = \begin{cases} \dfrac{1}{\sqrt{a}} \operatorname{arctg} x\sqrt{a}, & \text{pour} \quad a > 0, \\[2ex] \dfrac{1}{2\sqrt{-a}} \log \dfrac{1+x\sqrt{-a}}{1-x\sqrt{-a}}, & \text{pour} \quad a < 0, \end{cases}$$

qui sont distinctes si l'on considère des fonctions réelles d'une variable réelle, deviennent identiques si l'on introduit les quantités complexes. Ce rapprochement toucha le sens esthétique des mathématiciens: la généralisation et l'extension ainsi obtenues des formules connues du calcul des intégrales définies parurent avantageuses aux praticiens.

Au 19ième siècle, parmi les progrès accomplis par l'analyse il faut placer en premier rang la démonstration des théorèmes d'existence: le premier, le théorème fondamental de l'algèbre, fut démontré au commencement du siècle par *C. F. Gauss*.

D'autre part, en représentant les quantités complexes sur un plan, *C. F. Gauss* donna à ces quantités l'existence des êtres géométriques et cette représentation contribua d'une façon décisive à répandre l'usage des nombres complexes parmi les mathématiciens. Le fait que les premières recherches de deux grands mathématiciens du siècle, *C. F.*

Gauss[2]) et *A. L. Cauchy*, se rapportent à ce domaine des mathématiques, montre quelle place tenaient dès lors ces nombres et les résultats obtenus par leur emploi. *A. L. Cauchy* avait été d'abord peu disposé à considérer les expressions de la forme

$$a + b\sqrt{-1}$$

comme de véritables *quantités* imaginaires et à les introduire de ce point de vue dans l'analyse. Mais dans l'étude du problème du mouvement plan d'un fluide incompressible mentionné précédemment, après avoir obtenu la solution en séparant les fonctions en la partie réelle et la partie imaginaire, il reconnut l'avantage de ne pas faire d'abord cette séparation et de prendre comme point de départ, au lieu des deux équations

$$\int u dx + v dy = 0, \quad \int v dx - u dy = 0$$

fournies par la physique mathématique, la relation unique qui les contient toutes deux

$$\int f(z) dz = 0,$$

où l'intégrale est étendue à une courbe fermée arbitraire. *A. L. Cauchy* a créé le calcul des résidus par application de cette relation, en donnant une interprétation précise aux formules obtenues par l'introduction des quantités complexes dans les formules du calcul intégral des quantités réelles.

Une question de première importance pour les mathématiques appliquées est celle de savoir dans quelles limites les développements en séries employés sont valables. *A. L. Cauchy*, pour étudier la série de Lagrange, qui a des applications nombreuses en astronomie, se posa le problème de déterminer le domaine de convergence du développement d'une fonction suivant les puissances entières et positives de la variable, et découvrit ainsi une propriété essentielle des fonctions analytiques, propriété qui conduisait nécessairement à considérer la fonction pour des valeurs imaginaires de l'argument.

Si, en effet, $f(x)$ est une fonction réelle de la variable réelle x, et si, dans le voisinage de $x = x_0$ cette fonction est développable suivant les puissances entières et positives de $x - x_0$, il est toujours possible de déterminer l'intervalle de convergence du développement

2) Voir les lettres à *F. W. Bessel* datées des 21 novembre et 18 décembre 1811 [Briefwechsel zwischen Gauss und Bessel, Leipzig 1880, p. 152, 157; Werke 8, Göttingue (Leipzig) 1900, p. 90], ainsi que le n° 95 (1798) du journal de *C. F. Gauss* publié par la Société des sciences de Göttingue [cf. Math. Ann. 57 (1903), p. 22].

www.ingramcontent.com/pod-product-compliance
Ingram Content Group UK Ltd.
Pitfield, Milton Keynes, MK11 3LW, UK
UKHW021619260726
13965UKWH00007B/1214